DIEU MANIFESTÉ

PAR

LES ŒUVRES DE LA CRÉATION.

IMP. DE A. HENRY, RUE GIT-LE-COEUR, 8.

DIEU

MANIFESTÉ PAR LES ŒUVRES

DE LA CRÉATION

PAR

Mme EUGÉNIE NIBOYET

Membre de plusieurs sociétés littéraires et philanthropiques

Ouvrage que la Société de la Morale Chrétienne a couronné d'un grand prix

TOME SECOND

PARIS,

DIDIER, LIBRAIRE-ÉDITEUR,

QUAI DES AUGUSTINS, 35.

1842

DIEU

MANIFESTÉ PAR LES OEUVRES DE LA CRÉATION.

VINGT-SEPTIÈME ENTRETIEN.

Des cétacés.

M. NÉRIS ET SES ÉLÈVES

LE PRÉCEPTEUR. — Nous ne pouvons pas quitter l'élément liquide sans parler des cétacés, mammifères aquatiques, dont la baleine est le type. Ces poissons colosses ont les yeux très-petits et sont totalement privés de sourcils ; leurs femelles ne donnent jamais la vie qu'à un seul petit à la fois.

GEORGES. — Pour développer des formes aussi prodigieuses, il doit falloir un temps assez long ?

LE PRÉCEPTEUR. — Les cétacés portent leurs petits de neuf à dix mois ; leur vie s'étend à plusieurs siècles.

GEORGES. — Ces animaux existent-ils en grand nombre ?

Le Précepteur. — Oui, et l'attachement qu'ils se vouent les distingue tout-à-fait des autres poissons.

Louise. — Combien d'espèces comprend cet ordre ?

Le Précepteur. — Environ quatre-vingts, dont la moitié est à peine connue. On divise les cétacés en herbivores et en souffleurs.

Georges. — Quel est le caractère particulier des herbivores ?

Le Précepteur. — Ils sont amphibies et se nourrissent de végétaux ; la femelle allaite en tenant son petit pressé contre son sein. Autrefois on leur donnait aussi le nom de tritons et de sirènes, à cause de l'habitude qu'ils ont de s'élever hors de l'eau. Le lamentin, ou animal à mains, est la principale espèce de cette famille.

Georges. — Où le trouve-t-on?

Le Précepteur. — Il habite les mers du Sud et les grands fleuves de l'Amérique ; une seule variété fréquente l'océan Boréal. Le lamentin a jusqu'à quinze pieds de longueur, ses doigts sont armés d'ongles ; il a de grandes moustaches autour du museau.

Louise. — Les cétacés souffleurs se distinguent-ils des herbivores ?

Le Précepteur. — Quoique du même genre, il existe entre eux des caractères distinctifs ; les souffleurs sont dépourvus de moustaches, leur queue est plus allongée, leur peau privée d'écailles, enfin ils ne sortent jamais de l'eau pour chercher leur nourriture.

Georges. — De quoi se nourrissent-ils ?

Le Précepteur. — De zoophytes et de mollusques; leur estomac se compose de cinq à six poches.

Louise. — Ces animaux n'engloutissent-ils pas une grande quantité d'eau quand ils prennent leur nourriture ?

Le Précepteur. — Oui, mais ils la font sortir par deux orifices, qui aboutissent à une cavité placée sous la peau de la tête; c'est de là que leur vient le nom de souffleurs. L'espèce la plus commune est la baleine, dont la longueur est quelquefois de soixante-dix pieds.

Georges. — Quel profit en tire-t-on ?

Le Précepteur. — Sa graisse est très-utile pour le tannage des cuirs; une seule baleine en fournit jusqu'à soixante-dix tonnes, ce qui équivaut à la graisse de trois cents bœufs.

Louise. — Les cétacés ont-ils une mâchoire bien développée ?

Le Précepteur. — L'étendue ordinaire de celle de la baleine est de vingt pieds, sa queue n'en a guère moins de dix-huit. Les fanons ou lames cornées qui s'étendent de chaque côté de sa mâchoire, lui sont comme de vastes tamis propres à retenir la proie ; enfin, le lard qui recouvre son corps a plusieurs pieds d'épaisseur.

Louise. — Où se tiennent les baleines ?

Le Précepteur. — Dans les mers du Nord.

Louise. — Quelle est la longueur d'un baleineau de naissance ?

Le Précepteur. — De quatorze à seize pieds. L'affection que sa mère lui porte est telle que, pour le défendre, elle brave tous les dangers.

Georges. — La force de la baleine est-elle considérable ?

Le Précepteur. — A ce point qu'elle peut lancer en l'air une chaloupe chargée d'hommes ou la briser d'un coup de queue.

Louise. — Comment se fait la pêche de la baleine ?

Le Précepteur.—Un matelot est placé en vigie ou en garde au haut du mât ; dès qu'il aperçoit un cétacé , les pêcheurs font force de rames et l'un d'eux lui jette le harpon destiné à le blesser. Une corde d'environ six cents pieds ou cent vingt brasses est attachée au harpon. L'animal blessé agite sa queue vigoureuse, brise ou renverse ce qui le gêne sur son passage , et se précipite au fond de l'eau avec la corde qu'on déroule rapidement.

Louise. — Et que devient-il?

Le Précepteur. — Ainsi harponné , il reste sous l'eau jusqu'au moment où le besoin de respirer le fait revenir à la surface; c'est alors qu'on le frappe de nouveau. Son sang coule, il se sent mourir, s'agite convulsivement et succombe.

Georges. — Comment le remorque-t-on ?

Le Précepteur. — En perçant sa queue pour l'attacher au flanc du navire par des cordes. Cela fait , on enlève par tranches , avec des couteaux , le lard qu'on dépose dans des barils pour le faire fondre ensuite. Sur le pont et dans la cale du navire , sont les instruments nécessaires au dépècement de ce macrocéphale , ou cétacé à grosse tête. Le blanc de baleine sert à la fabrication des plus belles bougies. Après la baleine et le triton, le genre le plus remarquable est celui des delphinoïdes, dont le dauphin est le type.

Louise. — Quel est le caractère particulier de cet animal?

Le Précepteur. — Il a le museau terminé en bec allongé. La rapidité des mouvements de son épine dorsale le rend très-agile.

Georges. — Où le rencontre-t-on?

Le Précepteur. — Dans toutes les mers; il y vit par troupes nombreuses que semblent conduire les plus âgés, et souvent on les voit suivre longtemps le même navire. Comme les baleines, ils sont très-attachés à leurs petits. Par combien de moyens le Créateur ne pourvoit-il pas ainsi aux besoins de notre existence, et quelles sont les parties du globe qui ne paient tribut à l'industrie humaine? Les lacs, les mers, les fleuves, les parties les plus élevées et les plus profondes de la terre, sont les dépendances du domaine qu'il lui a donné à exploiter jusqu'à la fin des siècles. Mais reportons-nous tout à Dieu, et les heures si courtes de notre vie ne sont-elles pas souvent employées à combattre sa puissance? Étrange folie de l'orgueil, qui conduit par le doute à l'incrédulité et à l'oubli des devoirs! Ce n'est pas parce qu'il sait, que l'homme devient incrédule, c'est parce qu'il sait mal ou parce qu'il ne sait pas du tout. Newton, Leibnitz, Copernic, Cuvier, Laplace et tant d'autres, n'ont pas attribué à la nature les phénomènes qu'elle a produits. Bossuet, Fénelon, Châteaubriand, Lamartine, n'ont été sublimes de poésie que parce qu'ils ont emprunté leurs sujets aux sentiments religieux, seuls capables d'élever la pensée. La poésie, rayon de la gloire divine, doit être un hymne de reconnaissance célébré par la nature entière, sur le clavier dont la création fournit les gammes. Qu'elle est sublime cette épopée dont chaque chant dit une merveille; qu'elle est haute cette poésie née de la création, et combien l'homme, dans sa gratitude, doit y trouver de nobles inspirations! La Bible, que les prophètes ont rendue si poétique, est une mine où l'esprit et le cœur puisent des richesses sans fin; quiconque en fait sa loi peut répéter sans

crainte : « C'est le Seigneur qui me con-
» duit : rien ne pourra me manquer. »
(*Ps.*, ch. XXII, v. 1.)

VINGT-HUITIÈME ENTRETIEN.

Histoire naturelle des insectes.

Le Précepteur. — Si l'histoire naturelle des poissons nous a offert de l'intérêt, celle des insectes ne doit nous paraître ni moins attachante ni moins utile.

Georges. — A quelle partie du règne organique ces êtres infimes paraissent-ils se rapporter ?

Le Précepteur. — Au genre poisson, et Bernardin de Saint-Pierre dit à cet égard : « Si l'on considère que les uns et les autres (les insectes et les poissons) n'ont ni os ni sang, qu'ils ont une chair imprégnée d'une eau gluante et qui paraît être encore la même dans les uns et les autres, en ce qu'elle jette la même odeur lorsqu'on la brûle; qu'ils ne respirent point par la bouche, mais par les côtés, les insectes par les trachées, les poissons par les ouïes; qu'ils n'ont point d'organe auditif, mais qu'ils entendent par le frémissement que leur corps éprouve par la commotion de l'élément fluide où ils vivent, etc. » Ces considérations et plusieurs autres portent à croire que les insectes et les poissons se ressemblent en plus d'un point.

Georges. — Les insectes ne tiennent-ils pas à la fois des reptiles, des oiseaux et des animaux terrestres?

Le Précepteur. — Il y en a en effet qui rampent, d'autres qui marchent, et enfin plusieurs espèces qui volent. Dans sa plus grande extension, le mot insecte devrait convenir à tous les animaux dont le corps est divisé, et, pour ainsi dire, entrecoupé par anneaux.

Louise. — Combien d'ordres comprend la classe des insectes?

Le Précepteur. — Onze, mais d'abord se présente le groupe des aptères, individus sans ailes qui vivent en parasites sur le corps d'autres animaux; cette section comprend :

1° *Les thysanoures*, à corps mou, et munis de fausses pattes.

2° *Les parasites*, tels que le pou et le ricin ou pou des oiseaux.

3° *Les siphonaptères*, genre puce.

Les coléoptères, du quatrième ordre, sont ordinairement pourvus de quatre ailes, quelques uns cependant en manquent. Ces insectes ont la tête munie de deux antennes ou cornes, composées de onze articles et de deux yeux à facettes. Leurs œufs, ou larves, sont vermifores. Cet ordre, subdivisé en quatre sous-ordres, subit une métamorphose complète.

4° *Ordre des orthoptères*. Ils ont des ailes dures placées sur le dos, le corps allongé et la tête forte : ces insectes déposent leurs œufs dans un cocon ; les larves qui en proviennent diffèrent peu de l'insecte parfait.

GEORGES. — Combien de familles comprend cet ordre ?

LE PRÉCEPTEUR. — Deux, savoir : les orthoptères sauteurs, comme la sauterelle, et les orthoptères coureurs. Le sixième ordre, ou hémiptères, n'a jamais ni mandibules ni mâchoires.

LOUISE. — D'où lui vient le nom d'hémiptères ?

LE PRÉCEPTEUR. — Il signifie à demi-aile ; cependant ces insectes n'en ont pas tous ; les cigales font partie de ce genre.

GEORGES. — Les hémiptères subissent-ils une transformation ?

LE PRÉCEPTEUR. — Oui ; mais elle n'est pas complète. On classe la cochenille parmi les homoptères, second sous-genre de cet ordre.

LOUISE. — Est-ce l'insecte qui donne la belle couleur rouge ?

LE PRÉCEPTEUR. — Précisément ; on le tire de l'Amérique Méridionale. Le septième ordre, des névroptères, insectes à ailes transparentes, compose trois familles, savoir : les sublicornies, les planipennes, comprenant les fourmiliers, et les plicipennes.

GEORGES. — Comment se nourrissent ces différents insectes ?

LE PRÉCEPTEUR. — De matières végétales, ce qui les rend nuisibles à nos bois de construction.

Le huitième ordre, des hyménoptères, subit des métamorphoses complètes. La mère qui, en général, meurt avant la naissance de sa progéniture, la dépose dans un endroit sûr, souvent même dans le corps d'animaux, tels que le cheval. Les insectes hyménoptères vivent en société et sont pour l'observateur le type d'une ingénieuse prévoyance comme d'un continuel labeur. La fourmi, par exemple, si petite que l'œil suit sa trace avec peine, nous fournit le tableau d'une admirable industrie, et la vue de ce petit insecte est pour nous un sujet de pieuses méditations ! Examinons une fourmilière : par combien d'issues différentes ses habitants n'y aboutissent-ils pas ? Ces issues, ouvertes pendant le jour, sont fermées et gardées en dedans dès que vient la nuit ; rien n'échappe à la sollicitude de la colonie souterraine. Plusieurs magasins existent au centre de l'habitation ; soit pour les travaux, soit pour les approvisionnements. Jamais une fourmi ne paraît gêner l'autre ; toutes s'entre-aident sans se nuire : leur association a l'intérêt général pour but. Les corridors, les loges, les entrepôts se multiplient avec un art prodigieux pour ces insectes; les étages se superposent aux étages, et je ne sais rien que l'homme dut plus respecter qu'une fourmilière. Une femelle doit-elle deposer ses œufs ? ses compagnes, pour la contraindre à la prudence, lui arrachent les ailes, l'obligent à ne pas sortir, et chacune, pour lui rendre sa retraite douce, l'entoure des soins les plus constants. Si la fatigue la gagne, on la porte ; si elle pond, on recueille ses œufs, on les garantit contre les accidents. Quinze jours écoulés, au moment de l'éclosion des larves, les fourmis neutres s'en occupent avec une sollicitude que n'a pas la plus tendre nourrice. Si le soleil donne sur la fourmilière, les sentinelles du dehors avertissent leurs compagnes du dedans en les touchant par les antennes ; tout s'agite alors, chaque fourmi se charge d'une larve, les soins se multiplient, et l'insecte en formation reçoit de ses gardiennes une nourriture qui lui est appropriée.

Cependant la larve devient nymphe et reste comme emmaillottée dans le tissu qu'elle s'est filé. Alors des sentinelles veillent, et, guidées par cet instinct que Dieu substitue à l'intelligence, au moment convenable elles ouvrent la prison de l'insecte immobile, soutiennent sa faiblesse, lui apportent une nourriture succulente, et ne l'abandonnent à lui-même que lorsqu'il a acquis toute son agilité. Quelle leçon et quel exemple de dévouement pour notre égoïsme ! Dans cette colonie, où tout est en commun, le travail semble distribué par ordre d'aptitudes et ne tourne jamais au profit d'un seul. L'enfant né de la femme n'a souvent pas une mère ; dans une fourmilière, toute la colonie devient la mère des petits. La société humaine compte des riches et des pauvres, des travailleurs et des oisifs : les fourmis ont un trésor commun à toutes ; parmi elles, il n'y a d'oisifs que les incapables. Dans le monde, les uns ont peu, les autres beaucoup ; chez les fourmis, toutes possèdent au même titre, les provisions de l'été servent aux besoins de l'hiver : il n'y a pas de famine pour qui pense à l'avenir. Confraternité, association, prudence, travail, économie, telles sont les vertus dont le plus infime des insectes nous donne l'exemple ! Que cette leçon ne soit pas perdue pour nous ; le christianisme, en considérant les hommes comme frères, a voulu qu'ils tendissent à ne former qu'une seule famille, animée des mêmes sentiments, marchant au même but et faisant dire de tous par chacun : « Voyez comme ils s'aiment ! » Oui, Seigneur, puissions-nous être universellement animés de l'esprit d'union, et goûter, dès ici-bas, la paix des justes, qui ne procède que d'une conscience honnête et d'un cœur pur.

VINGT-NEUVIÈME ENTRETIEN.

Histoire naturelle des insectes. — Abeilles.

Le Précepteur. — L'ordre des hyménoptères, en même temps qu'il est un des plus nombreux, est aussi l'un des plus curieux.

Georges. — Combien a-t-il de sous-genres?

Le Précepteur. — Deux.

Georges. — Comprennent-ils plusieurs familles ?

Le Précepteur. — Quatre, parmi lesquelles il faut compter les mellifères ou abeilles. Ces insectes, comme les fourmis, vivent réunis, mais leur société se divise en deux classes, dont l'une est oisive et l'autre travailleuse. C'est une sorte de monarchie absolue : la reine des abeilles ne travaille jamais, elle propage l'espèce, c'est là sa seule tâche. Les mâles, véritables oisifs de la ruche, sont destinés à périr un jour sous le dard des ouvrières : la nécessité fait à ces insectes une loi de la cruauté.

Georges. — Comment se forme une ruche?

Le Précepteur. — Par la réunion d'un nombre d'abeilles. Arrivées au lieu qui doit servir de centre à leur industrie, les ouvrières se hâtent de le nettoyer ; puis elles vont récolter sur les bourgeons de certaines plantes une substance résineuse nommée *propolis*.

Louise. — Comment peuvent-elles apporter ce produit?

Le Précepteur. — Leurs jambes postérieures sont munies d'une sorte de palette qui peut contenir la poussière des fleurs. Leurs tarses sont couverts de poils et font l'effet d'une brosse, à l'aide de laquelle le pollen est enlevé aux fleurs.

Georges. — Mais les sucs que les abeilles puisent dans le calice des végétaux, par quel moyen sont-ils recueillis?

Le Précepteur. — A l'aide d'une trompe que l'ouvrière plonge à volonté dans le calice ; ses mandibules, à leur tour, lui servent à façonner la cire, et, enfin, son aiguillon lui est une arme puissante contre quiconque l'attaque.

Louise. — La reine des abeilles a-t-elle aussi un dard?

Le Précepteur. — Oui, mais ses pattes n'ont ni brosses ni palettes; quant aux mâles, ils sont privés d'aiguillon. Lorsque les abeilles travailleuses rentrent chargées à la ruche, leurs compagnes s'empressent de les débarrasser, et l'intérieur de la demeure commune est garni de propolis, dans toutes les parties où des fentes se laissent apercevoir.

La propolis employée, les travaux de construction commencent; c'est alors que les abeilles travailleuses rivalisent entre elles de zèle. Les cellules ou alvéoles sont soudées les unes aux autres. La cire subit une préparation dans l'estomac des abeilles et fait partie de la substance même du miel. Les ouvrières, ainsi approvisionnées, restent en repos jusqu'au moment où la cire, suffisamment élaborée, leur permet de commencer leurs travaux. Dès que cela est possible, on les voit se ranger en lignes parallèles pour dégorger par leur trompe la cire qu'elles ont distillée, et sur laquelle s'élèvent bientôt les cellules qui forment le rayon de miel. Chaque alvéole affecte la forme hexagone, et sa base est formée de trois pièces en losanges appliquées l'une contre l'autre. C'est sur ces pièces que repose tout le travail des abeilles. Dans la ruche, les gâteaux sont disposés perpendiculairement; un passage de quelques lignes est ménagé entre eux et sert d'abri aux abeilles pendant les mauvais jours. Les cellules terminées, la reine en passe l'inspection et commence la ponte.

Une ruche contient toujours trois sortes de cellules et trois genres particuliers de mouches, savoir :

Les reines.

Les ouvrières.

Les mâles.

Il n'y a jamais plus d'un œuf dans chaque cellule; si la reine en dépose plusieurs, ils sont à l'instant même enlevés et placés ailleurs. Les loges royales sont moins nombreuses, mais plus larges que les autres; rien n'est épargné pour leur commodité; on n'économise que sur celles des mâles ou des ouvrières.

Dès que les œufs sont pondus, les ouvrières nourrissent avec leur trompe la larve, immobile pendant une quinzaine de jours. Le ver subit sa transformation dans la petite cellule qu'il occupe et qu'on a fermée par un couvercle de cire. Passé à l'état de nymphe, il devient bientôt abeille et sort ainsi de son berceau. Les larves destinées à produire des reines reçoivent une nourriture qui contribue à leur organisation particulière et les prépare à briguer les honneurs de la puissance.

Ainsi les sujets font à leur gré des souveraines, et la nourriture des larves constitue seule ces différents états. Incapable de partager l'empire avec une autre, la reine que se choisit la colonie tue sans pitié ses rivales. Dès que l'éclosion commence, la population des ruches s'accroît, bientôt elle surabonde, et la reine, du haut de sa dignité, témoigne son mécontentement. Alors une agitation extrême a lieu jusqu'au moment où, prenant son vol, la souveraine de cet empire donne à ses nombreux sujets le signal du départ. L'essaim bourdonnant s'élance, s'attache à quelque arbre, et se choisit un autre asyle pour recommencer la même vie.

Privées de leur reine, les abeilles restées dans la ruche délivrent de son alvéole la première jeune femelle arrivée à l'état d'insecte parfait et lui rendent les honneurs suprêmes. S'il se présente d'autres reines, la colonie entière décrète leur mort, et les premiers coups portés partent du dard de la nouvelle majesté.

Les émigrations d'abeilles n'ont lieu qu'en automne, lorsque la ponte est terminée. Les mâles oisifs deviennent alors une charge pour la colonie: la saison rigoureuse approche, les fleurs sont tombées, il faut vivre de ce qu'on trouve et se débarrasser des bouches inutiles. Le sacrifice est bientôt fait; les faux bourdons sont les victimes choisies, on les immole à la nécessité, et le dehors de la ruche a l'aspect d'un champ de carnage. Ce massacre accompli, les ouvrières se remettent courageusement en campagne, butinent d'ici, de là, et finissent toujours par approvisionner la ruche. Le miel qu'elles font est déposé dans les cellules vides qu'on recouvre de cire dès qu'elles ne peuvent plus rien contenir. Il est impossible de considérer le travail si parfait des abeilles sans reconnaître la part que le créateur y prend. Instruments dociles sous une main intelligente, ces insectes obéissent à une volonté supérieure comme obéissent les aiguilles d'une montre aux ressorts qui les font agir. Et de ce qu'une moitié des abeilles extermine l'autre moitié, gardons-nous de mettre en doute la sagesse des lois divines. Que deviendrait la ruche sans le miel, et le miel avec les faux bourdons?

Dans une société d'insectes tout être inutile est nuisible, par conséquent il est de trop. Mais dans l'humanité, où les individus se comptent, chaque intelligence a son milieu, le bonheur est à celui qui le trouve: le père commun des hommes a voulu pour chacun une place au soleil.

Vers à soie.

Le Précepteur. — L'ordre des hyménoptères nous a offert des richesses de plus d'un genre, et toutes, cependant, n'ont pas été énumérées: les guêpes, par exemple, dont on dit tant de mal parce qu'elles font peu de bien, ont l'instinct de l'industrie, et nous les admirerions si les abeilles ne faisaient mieux. Les guêpes travaillent beaucoup, vivent en société; mais au lieu de miel, elles ne dégorgent qu'une pâte composée d'écorce broyée et de sucs visqueux. Le gâteau de ces insectes a la forme d'un rayon de miel. Les bourdons font partie de ce genre et se rapprochent des guêpes par les habitudes ; pour construire leurs nids, ils s'échelonnent et se passent les brins de mousse de l'un à l'autre, comme font les maçons pour la pierre à bâtir.

Le neuvième ordre, des lépidoptères, renferme tous les insectes désignés sous le nom de papillons : leurs écailles sont farineuses ; ils sont munis d'une trompe roulée en spirale et se font remarquer par la varieté de leurs brillantes couleurs.

Georges. — De quoi se nourrissent-ils ?

Le Précepteur. — Du miel des fleurs. Les femelles pondent un grand nombre d'œufs et les déposent sur les matières animales ou végétales qui servent à les nourrir.

Louise. — Les papillons ne subissent-ils pas des métamorphoses ?

Le Précepteur. — Tous en éprouvent de complètes, et c'est ce qui, dans cet ordre, offre un si curieux intérêt. En sortant de l'œuf, ces insectes ont la forme d'un ver allongé, pourvu de six pattes à crochets : on leur donne alors le nom de chenilles. Cet insecte a des appétits voraces. Cependant la chenille cesse de manger, arrivée à son plus grand développement, et s'enferme dans un cocon pour passer à l'état de nymphe. On la désigne aussi sous le nom de chrysalide, à cause de sa couleur métallique.

LOUISE. — Que devient la chrysalide?

LE PRÉCEPTEUR. — Au bout de quelques jours elle rompt son cocon et sort à l'état de papillon. Ainsi un mystère s'est accompli, une métamorphose s'est opérée, l'insecte qui rampait sous l'herbe voltige maintenant de fleur en fleur, et l'homme, qui voit ce qu'a pu Dieu pour le plus petit de ses êtres, doute des promesses qu'il a reçues. Ah! que cette leçon donnée à son incrédulité ne soit pas perdue: la résurrection du papillon n'est qu'un symbole précurseur de la nôtre; devrions-nous l'oublier?

GEORGES. — Le ver à soie est-il une chenille?

LE PRÉCEPTEUR. — Certainement, et vous savez quelles riches étoffes on fabrique avec les fils de ses cocons!

LOUISE. — Quels moyens mettent l'homme en possession de la soie?

LE PRÉCEPTEUR. — En Chine et dans tous les pays chauds, où le ver à soie vit en plein air, la femelle dépose ses œufs sur un mûrier et les recouvre d'une substance gluante; ainsi soustraits au contact de l'air, les œufs passent l'automne et l'hiver sans danger ; mais au printemps, quand une sage Providence leur donne avec une douce chaleur une nourriture appropriée à leur faiblesse, les vers se promènent sur le feuillage, grossissent, font leurs cocons, s'y renferment comme dans une tombe et ressuscitent papillons.

Georges. — Est-ce ainsi qu'on obtient la soie dans nos climats ?

Le Précepteur. — Non ; ce que la Providence donne naturellement dans certains pays, elle l'accorde dans d'autres au travail de l'homme.

Louise. — C'est donc par des moyens artificiels qu'on obtient en France l'éclosion du ver à soie ?

Le Précepteur. — On supplée, en effet, à ce qu'on n'a pas, pour obtenir ce qu'on veut avoir. Voici comment on procède pour les vers à soie : Les œufs déposés en automne sont recueillis et conservés dans un lieu chaud. Au printemps, lorsque les feuilles commencent à se former, on cueille sur les mûriers les plus délicates, on y place les œufs en les exposant, soit au soleil, soit à une température régulière obtenue par le chauffage ; chaque jour la feuille est renouvelée. Peu à peu les vers grossissent, se développent et bientôt changent de peau ; c'est là leur première métamorphose, c'est aussi leur première maladie. Pendant trois fois, dans un intervalle de quinze à vingt jours, ils sont ainsi déshabillés et cessent de manger d'une aube à l'autre. A chaque métamorphose, on dresse autour des tables sur lesquelles ils sont placés de petits bouquets de bruyère qui aboutissent à des tables supérieures, qu'on a eu soin de garnir de feuilles fraîches. En sortant de la léthargie qui accompagne chacun de leurs changements de peau, les vers s'attachent aux bruyères, grimpent, atteignent vite à l'étage supérieur, et se remettent à manger avec voracité. Quand ils ont fait successivement et de la même manière trois maladies, ils filent leurs cocons et s'y enferment.

Georges. — Par où sort la soie ?

Le Précepteur. — Par deux petites ouvertures placées sous la bouche du ver, et qui aboutissent à deux vaisseaux contenant une gomme avec laquelle il forme son fil.

En peu de jours le cocon est parfaitement clos; on l'enlève pour le filer, en laissant seulement arriver à l'état de papillon les sujets qu'on destine à la ponte des œufs.

Georges. — Comment le papillon peut-il percer son cocon!

Le Précepteur. — Dieu, qui lui a appris à se construire une demeure, lui donne le moyen d'en sortir. Le même insecte, qui s'est enseveli dans sa coque, se ménage une issue qui lui frayera un passage facile.

Les chenilles vivent en société et en bonne intelligence; chacune d'elles paraît n'être occupée que du soin d'atteindre le but de ses métamorphoses, et toutes concourent ensemble à manifester les merveilles de la création, qui témoignent de la sagesse du créateur.

Le dixième ordre d'insectes est celui qu'on désigne sous le nom de rhipiptères: leurs ailes sont grandes et plissées.

Le onzième ordre, ou diptères, a pour type la mouche; il comprend plusieurs milliers d'espèces.

Le douzième ordre, ou homaloptères, vit sur le corps des mammifères; les œufs restent dans le sein de la mère et prennent leur essor dès leur naissance.

Devant tous ces infiniment petits, l'âme s'étonne, et cependant combien d'êtres microscopiques doués d'organes divers échappent à nos regards! Dieu a des mystères que nous ne pouvons comprendre; mais, créateur et rémunérateur, il ne fait rien que de grand, rien que de juste. Eternellement bon, comme un berger fidèle il veille avec amour sur son troupeau, et ramène au bercail, par sa grâce, les brebis égarées. Que pas une au dernier jour ne manque à l'appel, et puissent-elles toutes répondre : *Seigneur, nous voici!*

TRENTIÈME ENTRETIEN.

Ornithologie ou histoire naturelle des oiseaux.

Le Précepteur. — « Quand Dieu eut » créé les grands poissons et tous les ani- » maux qui ont la vie et le mouvement, » que les eaux produisent chacun selon » son espèce, il créa aussi tous les oiseaux » selon leur espèce. » (*Gen.*, ch. 1er, v. 21.) Les insectes existaient déjà; nourriture nécessaire aux oiseaux, ils étaient pour eux ce que sont les mollusques pour les poissons, et les amphibies pour les animaux terrestres : le terme de transition.

Sur l'échelle de la création, les oiseaux sont, en effet, supérieurs aux insectes, et leur grâce plaît à tous les yeux. Quelle variété de plumage, quelle diversité de couleurs, quelle multiplicité de langages! Symboles d'indépendance, les oiseaux forment entre eux, selon les pays ou les climats, comme autant de républiques dont chaque couple suit les lois. L'oiseau ne sait rien être seul; pour aimer, pour chanter, il lui faut une compagne, des petits, une famille. La nature reverdit, les arbres se charchent de feuilles abondantes; le rossignol, par son chant, invite sa femelle aux douceurs d'une union nouvelle; l'hirondelle est revenue à son nid, l'alouette répète ses airs favoris, tout s'essaie au bonheur, l'hymne du printemps est célébré par la nature entière! Quel charme l'homme goûte alors dans les bois! Son ame est bercée par les suaves mélodies que l'air lui porte à travers le feuillage, et il rêve pour son cœur le bonheur dont tout, autour de lui, porte l'empreinte. Le chant des oiseaux le dispose à la mélancolie; chaque voix qui, du sein des bois, s'élève comme un chant de triomphe, lui est une invitation à se rapprocher de son Dieu, si souvent oublié, toujours mal servi au sein de nos cités, véritables myriades d'hommes.

De tous les genres dont nous nous sommes occupés jusqu'ici, aucun ne porte autant que l'ornithologie un caractère de poésie religieuse, et il est curieux de voir comment les animaux, soit qu'ils habitent dans les airs, au sein des eaux ou sur la terre, ont entre eux des analogies, représentant certains genres, types créés dans un but identique.

Georges. — Quel est le genre le plus facile à caractériser parmi les oiseaux?

Le Précepteur. — Celui qu'on désigne sous le nom de rapace; il occupe dans cet ordre la place des animaux carnassiers parmi les mammifères.

Louise.— Ne nomme-t-on pas encore les rapaces oiseaux de proie?

Le Précepteur. — Oui, parce qu'ils ne vivent que de rapine et se nourrissent le plus ordinairement de chair palpitante. On les divise en nocturnes et diurnes.

Georges. — Pourquoi cela?

Le Précepteur. — Parce que les premiers cherchent leur proie la nuit, tandis que les autres l'attaquent de jour. Les oiseaux diurnes ont tous le regard perçant, le bec recourbé, les ongles crochus; de préférence ils habitent les lieux déserts, les montagnes escarpées, et s'élèvent à des hauteurs prodigieuses.

Louise. — Quelles sont leurs habitudes?

Le Précepteur. — Comme tous les êtres dangereux, ils mènent une vie errante et solitaire. L'aigle, le hibou, le vautour, le faucon et l'effraie font partie de cet ordre.

Louise. — Ne font-ils pas aussi la guerre aux oiseaux?

Le Précepteur. — Sans doute, mais pour qu'ils ne prennent que ce qui est de trop, Dieu ne leur a point donné de multiplier leur espèce dans une dangereuse proportion, et les femelles de ces carnassiers ne pondent que deux ou trois œufs par année.

Georges. — Pourquoi appelle-t-on l'aigle le roi des oiseaux?

Le Précepteur. — Parce que la rapidité de son vol, la finesse de son regard et l'élévation de sa taille, le rendent redoutable aux autres ; l'aigle chasse à la vue et peut fixer le soleil ; mais il manque d'odorat. Le vautour, au contraire, sent sa proie de loin ; en revanche il est lâche et se jette plus volontiers sur la chair putréfiée pour n'avoir pas à combattre. Le faucon, que les gentilshommes faisaient dresser à chasser, fait partie des rapaces diurnes. Le messager, qui ne s'en prend qu'aux serpents, est un oiseau de proie singulier, en ce qu'il a les formes d'un échassier et l'organisation d'un rapace.

Louise. — Comment parvient-il à tuer le serpent sans en être piqué?

Le Précepteur. — Il le retient d'abord avec ses pattes, l'enlève et le laisse plusieurs fois retomber jusqu'à ce qu'il soit sans vie ; alors il le dépouille et l'avale par tronçons. Les rapaces nocturnes, dont le hibou est le type, ont la tête forte, les yeux grands, les tarses très-courts, le bec peu saillant ; leur poil est gris-foncé ; ils font entendre la nuit un cri lugubre, sorte de houhou qui attriste. Le duc, la hulotte et l'effraie, sont des oiseaux de ce genre.

Louise.—Comment les oiseaux nocturnes peuvent-ils chasser ?

Le Précepteur. — Il leur faut toujours un certain degré de lumière pour suivre de loin leur proie; mais la dilatation de leur prunelle étant très-forte, ils n'ont besoin que d'un pâle rayon pour se diriger dans l'espace; la clarté douteuse de la lune convient parfaitement à leurs instincts nocturnes. Ces oiseaux purgent la terre d'une quantité considérable d'insectes invisibles, qui ne sortent comme eux que de nuit.

Une espèce non moins curieuse est celle des palmipèdes, dont la vie se passe presque au sein de l'élément liquide : leur plumage lustré, imbibé d'une soie huileuse, les rend imperméables à l'eau ; leur peau est garantie par un duvet très-fin des variations atmosphériques, et ce duvet devient encore pour le commerce un objet d'industrie.

Louise. — L'huile qui imprègne leur plumage se trouve-t-elle en ces oiseaux ?

Le Précepteur. — Elle est produite par deux glandes dont ils sont pourvus ; c'est avec leur bec qu'ils l'étendent. Les palmipèdes se divisent en quatre grandes familles, savoir : les plongeons, les pingoins, les goëlands et les mouettes.

GEORGES. — Comment se nourrissent-ils?

LE PRÉCEPTEUR. — De mollusques, d'insectes aquatiques dont ils débarrassent les eaux, et de substances végétales. Ces oiseaux déposent leur ponte sur le rivage ou au milieu des plantes marines; ils sont admirablement conformés pour la natation, et passent au sein des eaux une existence paisible, n'ayant qu'à ouvrir le bec pour prendre la nourriture qui leur convient.

GEORGES.—N'y a-t-il pas des oiseaux plongeurs qui vivent sur le rivage et dans les marais?

LE PRÉCEPTEUR. — On en compte un grand nombre, et, par leur conformation, ils indiquent le but auquel la Providence les a destinés. Leurs pattes sont élevées, leur cou allongé, leur bec effilé, en un mot ils peuvent marcher, voler et plonger tour à tour. C'est par de tels êtres que les marais sont désinfectés, que les eaux stagnantes sont épurées; et l'homme, qui mange le chasseur quand la chasse est faite, n'admirera jamais assez les lois de l'harmonie générale, fondée sur l'utilité des choses qu'au premier aspect tant de gens trouvent inutiles!

Louise. — Quelles sont les espèces aquatiques les plus connues?

Le Précepteur.—Les cygnes, les poules d'eau, les plongeons, les sarcelles, et, pour les pays situés au Sud, les pingoins, les goëlands, les mouettes, les pélicans, les cormorans, les frégates, les fous, etc., etc.

Georges. — Dans l'ordre des oiseaux terrestres, quelle est la famille la plus intéressante?

Le Précepteur. — Celle des passereaux.

Louise. — Comment se nourrissent-ils?

Le Précepteur. — Les uns, dont le bec est effilé, font la guerre aux insectes; les autres préfèrent les graines et les fruits. La pie-grièche est d'entre les passereaux le genre qui, par ses appétits, se rapproche le plus des oiseaux de proie; mais elle intéresse par l'amour qu'elle porte à ses petits: elle ne les quitte point, et eux-mêmes ne l'abandonnent que lorsqu'ils sont entraînés à former une nouvelle famille. Le merle, assez voisin de la pie pour la grosseur, est un oiseau timide, qui fuit les habitations tant que l'été fournit à ses besoins; l'hiver, la nécessité l'attire dans les jardins et dans les cours pour se procurer sa nourriture.

GEORGES. — Quelle est la famille la plus recherchée parmi les passereaux ?

LE PRÉCEPTEUR. — Celle du rossignol, dont chacun aime les concerts et qui célèbre ses amours par une constante mélodie, sans jamais se répéter. Cet oiseau chante de nuit, s'écoute et multiplie les effets de sa voix, mieux qu'aucun mélomane formé par la pure science musicale. Quelle harmonie dans ce petit gosier ! quel charme on éprouve à l'entendre moduler ! Il ya dans cette voix plus que du chant, il y a de la poésie !

LOUISE. — Les rossignols n'émigrent-ils pas dès que l'automne jaunit les premières feuilles ?

LE PRÉCEPTEUR. — Comme l'hirondelle, ils vont chercher sous d'autres climats un ciel plus chaud, une nourriture plus abondante, et reviennent au printemps avec les beaux jours.

LOUISE. — Voyagent-ils par bandes ?

LE PRÉCEPTEUR. — Non, ils arrivent seuls et repartent seuls ; mais le silence des bois apprend à l'homme leur absence.....

Georges. — Où ces oiseaux font-ils leurs nids?

Le Précepteur. — Sur les arbustes les plus bas; l'enfant ignorant et cruel trouble parfois le calme de leur vie.

Louise. — Les hirondelles ont-elles les habitudes voyageuses du rossignol?

Le Précepteur. — Elles partent à peu près aux mêmes époques; mais, loin de s'isoler, on les voit former de nombreuses colonnes qui se mettent en marche dans un ordre parfait.

Georges. — Comment ces oiseaux peuvent-ils construire des nids maçonnés?

Le Précepteur. — Avec un mélange de boue et de terre glaise que le temps durcit. L'hirondelle fait de cinq à six œufs; pour se remettre en route, chaque mère attend que ses petits puissent supporter le voyage, et toutes retournent sans cesse au nid qu'elles ont déjà occupé.

Quels exemples de prudence et d'affection le rossignol et l'hirondelle ne nous donnent-ils pas durant leur vie, et qu'il est sublime de simplicité le dévouement dont ils font preuve! La chaleur diminue le nombre des insectes répandus dans l'atmosphère, les petits pourraient souffrir ; on part, et le concert suspendu en Europe se continue bientôt sous d'autres climats. L'homme, qui sait que la main qui l'éprouve peut le relever, se montre-t-il toujours ainsi résigné en face de l'adversité? Est-il prêt au premier signal, part-il quand son Dieu commande, et le murmure n'est-il pas sur ses lèvres? A cette question quelle voix répondra, quel cœur, en se sondant, se trouvera sans reproches? Oh ! mes bien-aimés, vous à qui chaque jour parle du Créateur, et qui lisez sa gloire dans ses œuvres, comme le rossignol, chantez votre hymne d'amour, adorez et bénissez pour votre passé; priez pour votre avenir, et s'il vous est dit : tu vas partir ; obéissez, la mort dut-elle être le but du voyage! car celui que le Seigneur enlève à ce monde, doit connaître un monde meilleur, et le plus tôt appelé voit plus tôt finir son épreuve! « Les voies du Très-Haut sont cachées, mais ses décrets sont éternels. »

TRENTE-UNIÈME ENTRETIEN.

Ornithologie

Le Précepteur. — Nous nous sommes arrêtés à la famille des fissirostres, dont l'hirondelle et le martinet font partie, continuons par les conirostres, oiseaux à bec court et à forme conique. Cette tribu comprend les granivores, tels que la mésange, le bouvreuil, l'alouette, etc.

Georges. — Ces oiseaux sont-ils communs?

Le Précepteur. — Ils sont abondants partout, excepté dans les pays froids; plusieurs fois par an ils font des pontes de six ou sept œufs, et nichent soit dans les troncs d'arbres, soit dans les trous de murailles.

Georges. — Qu'appelle-t-on tribu omnivore?

Le Précepteur. — Celle qui mange de tout; elle comprend six genres : les pique-bœuf, les rolliers, les corbeaux, les étourneaux, les cassiques, les paradisiers; c'est dans cet ordre que se trouvent les plus beaux plumages. L'oiseau de Paradis, par exemple, par l'élégance de ses plumes disposées en panache, est très-recherché pour la coiffure des dames.

LOUISE. — Quel pays habite-t-il?

LE PRÉCEPTEUR. — La Nouvelle Guinée ; l'espéce la plus remarquable est le paradis émeraude : ses plumes d'un jaune d'or valent un grand prix dans le commerce.

GEORGES. — D'où lui vient le nom d'oiseau de paradis?

LE PRÉCEPTEUR. — L'homme a souvent abusé du langage figuré pour colorer, sous de brillantes images, les plus mensongères erreurs ; c'est ainsi qu'on a longtemps prétendu que l'oiseau de Paradis vivait et pondait dans l'air, puis s'élançait vers les cieux au moment de mourir.

GEORGES. — Sur quel fondement reposait cette fable?

LE PRÉCEPTEUR. — Les oiseaux livrés au commerce étant toujours privés de pattes, on supposa que les paradisiers n'en avaient pas, et, dès-lors, on les fit vivre dans l'air, pour se dispenser à leur égard de toute autre recherche.

LOUISE. — L'oiseau-mouche n'est-il pas également paré des plus riches couleurs?

Le Précepteur. — C'est un bijou sous forme de plumage; il répond, par la richesse de ses couleurs, aux pierres les plus précieuses, et peut-être, sous un ciel brûlant, le soleil a-t-il opéré un prodige semblable à ceux que fait naître la chaleur centrale de la terre. Quoi qu'il en soit, l'oiseau-mouche, par ses brillants reflets, nous rend les nuances variées de l'émeraude, du rubis, de la topaze, et nous force à admirer le travail du coloriste, qui, du même coup de pinceau, a créé des êtres semblables dans des ordres si divers. La famille des ténuirostres est encore fort remarquable sous le rapport de la forme; pourvus de longs doigts armés d'ongles acérés, ces oiseaux grimpent facilement sur les arbres et les parcourent sans avoir à craindre les chutes. Ils se nourrissent de larves et d'insectes répandus dans l'air; sous ce double rapport, ils rendent de grands services à l'agriculture, et chacun peut remarquer que les arbres des pays qu'ils fréquentent sont tout naturellement préservés des chenilles. La huppe fait partie de cette famille.

Les syndactyles, ainsi nommés à cause

de leurs doigts, composent une famille subdivisée en quatre genres, savoir : les guêpiers, qui font une guerre constante aux guêpes; les martin-pêcheurs, qui fréquentent le bord des rivières et se nourrissent de petits poissons : ces oiseaux ne se reposent jamais à terre; les mamots, passereaux étrangers de la grosseur des pies ; enfin les calaos, dont la taille est celle du corbeau.

Georges. — Qu'est-ce que le genre torcol?

Le Précepteur. — Celui d'un petit oiseau qui tord le cou quand il est surpris; il a beaucoup de rapports avec le pivert.

Louise. — Le genre des grimpeurs occupe-t-il une place importante dans l'ornithologie?

Le Précepteur. — Certainement; cependant on désigne plus particulièrement sous ce nom les oiseaux dont le doigt externe se dirige en arrière comme le pouce, et leur sert d'appui. Le coucou, le perroquet, l'aras, sont des oiseaux grimpeurs.

Louise. — Par quel singulier mécanisme du larynx les perroquets parviennent-ils à parler ?

Le Précepteur. — C'est une merveille de plus dans la nature. Ces oiseaux chantent, parlent, vivent en société et se dévouent pour leurs petits : qu'ont-ils à envier à l'homme ?

Georges. — Sous quel climat naissent les perroquets ?

Le Précepteur. — Sous la zône torride ; ils deviennent très-vieux. On les divise en cacatoës, aras et perroquets proprement dits.

Louise. — Est-il un ordre d'oiseaux que l'homme se soit plus particulièrement approprié ?

Le Précepteur. — Oui, l'ordre des gallinacés, qu'il a rendus domestiques et qui peuplent nos basses-cours. On les divise en deux familles.

Georges. — D'où sont-ils originaires ?

Le Précepteur. — Des Indes. En général, ces oiseaux ont un beau plumage ; ils portent la tête haute et marchent avec fierté. La poule qui nous donne tant d'œufs, le coq dont nous aimons le chant, le pigeon si fidèle à son nid, la tourterelle si tendre, le paon si fier, le dindon si vain, la pintade si criarde, tout cela fait partie du paisible gibier de basse-cour dont nous tirons un excellent parti pour notre nourriture. On divise cette famille en quatre tribus : les cracidés, qui ont le dindon pour type ; les phasianés, du nom de faisan, les tétraonides et les perdicés ou genre perdrix.

Dans l'ordre des gallinacés, les péristères peuvent être considérés comme formant le passage de ces oiseaux aux passereaux. Le pigeon peut servir de type à ce genre.

GEORGES. — Quels sont les oiseaux appelés échassiers?

LE PRÉCEPTEUR. — Ceux qui, comme l'autruche, ont les tarses très-longs ; ils se nourrissent de poissons, de reptiles, de vers et d'insectes, etc. Le casoar, l'outarde, le vanneau, le pluvier, la cigogne, la grue, etc., font partie de cet ordre.

LOUISE. — La cigogne n'émigre-t-elle pas en automne comme l'hirondelle ?

LE PRÉCEPTEUR. — Oui, et comme l'hirondelle aussi, elle revient au printemps, fidèle à son nid. Cet animal détruit un nombre considérable d'espèces nuisibles, et les anciens ajoutaient une telle idée de prospérité à sa présence, qu'ils regardaient comme un crime de le tuer. Les longitarses, dont l'ibis est le type, et les brévitarses, semblables aux bécasses, forment encore un genre assez étendu de l'ornithologie; chacun dans son espèce concourt à maintenir l'équilibre général en marchant vers le but qui lui est assigné dans le mouvement de la nature; l'homme, maître souverain de la terre, soumet tout à ses lois, et les oiseaux lui sont tributaires dans une large proportion. Vivants, ils l'égaient par leur chant, le distraient par leur babil, lui rendent mille services; morts, leur chair devient un objet de sensualité pour son appétit, et leur plume, quand l'heure du repos est venue, sert d'appui à sa tête fatiguée. Les femmes, avec la peau du cygne, se font des manchons et des boas; l'oiseau de paradis leur fournit une autre parure, et nos troupes à cheval ornent leurs têtes de panaches dont les oiseaux ont fait tous les frais. La plume garnit nos fauteuils, nos coussins, nos édredons, et tandis que le duvet sert à cet usage, la calligraphie, à son tour, tire parti du tuyau de la plume. Combien de siècles se sont écoulés avant la découverte de l'imprimerie; combien de chefs-d'œuvre ont été écrits avant la fabrication des plumes métalliques, qui n'auraient pu passer à d'autres siècles, si l'aile de l'autruche n'eût fourni l'accessoire indispensable à toute main qui écrit. Ainsi, non-seulement la nature, mais tout ce qui vit et se meut paie la dîme à l'humanité, soumise elle-même aux lois de la sociabilité qui constituent la loi générale. Dieu n'a pas fait d'exception à la règle commune, la paix ne résulte pas du désordre, et si les sociétés sont en lutte, si, pour les limites qu'ils se sont posées de nation à nation, les hommes se font la guerre, c'est que parmi eux le plus grand nombre n'a pas compris que la paix est le principe universel qui doit conduire le monde à l'initiation divine accordée seulement à quelques élus.

Qu'il vienne donc ce jour où tous les hommes seront frères par l'esprit, et où chacun pourra dire à son prochain, soit qu'il le connaisse ou l'ignore : « La paix soit avec vous ! »

TRENTE-DEUXIÈME ENTRETIEN.

Herpétologie ou histoire naturelle des reptiles. — Crocodile —Iguane.— Lézard.—Sangsue.

Le Précepteur. — Quand Dieu eut créé les grands poissons et les oiseaux, il dit encore : « Que la terre produise des animaux » vivants chacun selon son espèce, les ani- » maux domestiques, les reptiles et les bêtes » sauvages de la terre selon leurs différentes » espèces, et cela se fit ainsi. » (*Gen.*, ch. 1er, v. 24).

Chaque ordre de création, tout porte à le croire, a des rapports de relations ; c'est ainsi qu'on peut considérer les animaux amphibies comme marquant le passage des mammifères aquatiques aux mammifères terrestres. C'est ainsi encore que certains animaux, par leurs formes, paraissent tenir à la fois et des oiseaux et des bipèdes. Mais quels êtres ont dû d'abord se produire à la surface de la terre ? Tout fait penser que ce sont les reptiles, parce qu'ils ont le sang froid et parce qu'ils servent d'anneau intermédiaire entre les poissons et les oiseaux.

L'herpétologie, ou histoire naturelle des reptiles, ne s'occupe pas de tous les animaux qui rampent, mais seulement des vertébrés dont le corps n'est couvert ni de poils ni de plumes.

Georges. — Le corps des reptiles se compose-t-il de parties bien distinctes?

Le Précepteur. — Excepté chez la tortue, il semble ordinairement ne former qu'un seul bloc.

Georges. — Mais la tortue marche et ne rampe point; pourquoi la classe-t-on parmi les reptiles?

Le Précepteur. — A cause de la disposition de ses organes respiratoires; par la même raison, les lézards et les grenouilles font partie du même ordre.

Louise. — Les mouvements des reptiles ne sont-ils pas très-lents?

Le Précepteur. — Ils varient selon les familles, et s'exécutent en divers sens, par sauts, par bonds, par contorsions. Ramper, nager, grimper, tout cela est possible aux animaux de cette classe. Les uns ont des doigts et des pieds bien caractérisés, les autres ont la queue prenante et s'en servent pour se suspendre.

Georges. — Sous quels climats trouve-t-on le plus de reptiles?

Le Précepteur. — Sous les températures les plus extrêmes. En général, la lenteur de leurs mouvements les jette dans une sorte de léthargie, causée par l'excès de la chaleur comme par l'excès du froid. Ainsi, tels sont engourdis pendant l'hiver, tels le sont pandant l'été.

Louise. — Comment la chaleur peut-elle les engourdir ?

Le Précepteur. — Parce que, dans l'impossibilité de se débarrasser, par la transpiration, du calorique qui les brûle intérieurement, ils tombent dans un état voisin de l'insensibilité.

Georges. — La classe des reptiles est-elle variée ?

Le Précepteur. — Beaucoup plus que celle des mammifères et des oiseaux.

Louise. — Comment la divise-t-on ?

Le Précepteur. — En quatre ordres, savoir :

1° Les chéloniens ou tortues;

2° Les sauriens ou lézards;

3° Les ophidiens ou serpents;

4° Les batraciens ou grenouilles;

Georges. — Quelle est la conformation des chéloniens?

Le Précepteur. — Leur corps est enchassé dans une sorte de bouclier, dont la partie supérieure est appelée *carapace* et la partie inférieure plastron ; leur mâchoire est dépourvue de dents, et, pour nager ou marcher, ils font usage de quatre membres courts qui ressemblent à des phalanges.

Louise.—Quels services peut rendre dans la nature cet animal si lent qu'on nomme tortue?

Le Précepteur. — Il détruit les vers et les insectes ; sa chair est en outre fort recherchée.

Georges. — Habite-t-il sous plusieurs climats?

Le Précepteur. — On trouve la tortue en diverses contrées de la terre, soit dans les marais, dans l'eau douce et dans la mer. Ce chélonien est voyageur et entreprend de longues traversées, au moment de la ponte ; souvent une seule tortue fait jusqu'à cent œufs.

Georges. — Les tortues de mer sont-elles grosses?

Le Précepteur. — Elles ont jusqu'à sept pieds de long, et pèsent alors de six à sept cents livres ; les navigateurs font très-grand cas de leur chair et s'en nourrissent dans les plus fortes chaleurs, lorsque les autres viandes se corrompent. Ces animaux se réunissent en troupes nombreuses inoffensives; ils mangent beaucoup de végétaux marins.

Louise. — Comment les pêche-t-on?

Le Précepteur. — Au filet ou au harpon.

Georges. — Que fait-on de leurs œufs?

Le Précepteur. — Ils sont une grande ressource pour les marins, et ici chacun, pour peu que sa raison l'éclaire, reconnaîtra encore la main de la Providence, qui toujours à côté des besoins place les ressources.

Georges. — L'ordre des sauriens a-t-il des mœurs aussi douces que l'ordre des chéloniens?

Le Précepteur. — Beaucoup s'en faut: ils diffèrent par les habitudes et par la conformation; le crocodile, amphibie des plus redoutables par la terreur qu'il inspire, fait partie de l'ordre des sauriens.

Georges. — N'a-t-il pas le corps couvert d'écailles et la mâchoire garnie de dents tranchantes?

Le Précepteur. — Sa force est telle qu'il lutte contre les animaux les plus dangereux et n'en craint aucun. A la nage, son agilité est extrême; mais la raideur de ses vertèbres l'empêche de pouvoir se retourner avec promptitude, et pour lui échapper il suffit de décrire, en courant, des angles aigus. Dieu, en donnant au crocodile la force et l'agilité, a placé devant lui des entraves pour le retenir dans de certaines limites, et l'homme, par son adresse, triomphe presque toujours d'un ennemi que ses facultés rendent propre à plus d'un genre d'attaque.

Georges. — Recherche-t-on les œufs de crocodile?

Le Précepteur. — Les mangoustes, les singes et plusieurs oiseaux aquatiques, leur font une guerre acharnée malgré la surveillance de la mère. Ainsi la ponte est abondante; mais, pour prévenir une éclosion dangereuse, de nombreux animaux la détruisent.

Louise. — Quelle est la longueur du crocodile?

Le Précepteur. — Elle dépasse souvent vingt-cinq pieds; ces cruels amphibies habitent les bords du Nil, du Gange et de plusieurs autres fleuves d'Amérique. Ils sont placés comme exterminateurs sur certains parages où leur présence a dû être un temps nécessaire ; mais en permettant à de petits animaux de rechercher les œufs de ces sauriens, la Providence a indiqué comment l'espèce pourrait être éteinte. Le caïman est du genre crocodilien.

Louise. — Le lézard se rend-il redoutable?

Le Précepteur. — Pas plus que l'iguane, espèce qui, en Amérique, a cinq ou six pieds de long. Sous les rayons du soleil, sous les touffes de verdure, les riches nuances de cet animal sont du plus bel effet, surtout quand il se laisse balancer à la cîme des arbres ou s'incruste entre deux fentes de rocher.

Louise. — Lui fait-on la guerre?

Le Précepteur. — On le recherche pour la délicatesse de sa chair. En sifflant on l'attire dans des pièges, et le plaisir que lui cause cette musique le rend si imprévoyant, qu'il se laisse facilement prendre. Dans nos contrées les petits lézards ont les mêmes instincts, les mêmes habitudes, mais les enfants leur font la guerre.

La famille des caméléoniens, composée d'un seul genre, est l'une des plus curieuses de l'herpétologie. Ces animaux ont la tête pyramidale, souvent surmontée de crêtes osseuses. Leur cou court, leur corps comprimé et leur dos tranchant, en font des êtres singuliers que la fable a rendus plus étranges encore.

GEORGES. — Est-il vrai qu'ils aient la faculté de changer de couleur?

LE PRÉCEPTEUR. — Le caméléon est couvert de tubercules susceptibles de se gonfler. En introduisant par la bouche de l'air dans ses poumons, cet animal fait porter à la peau une quantité de sang qui change de couleur, et le fait regarder comme l'emblême de la basse flatterie.

GEORGES. — Ne peut-il devenir que d'une seule nuance?

LE PRÉCEPTEUR. — Suivant les sentiments qui l'agitent, les humeurs de son corps affluent plus ou moins sous sa peau et la colorent diversement. Le caméléon est très-lent et serait exposé à des jeûnes fréquents, si sa langue, vermifore et extensible, ne lui permettait pas de prendre de la nourriture sans se déranger.

Georges. — Cet animal est-il gros?

Le Précepteur. — Sa taille n'a pas un pied de long, on en trouve même qui ne dépassent pas quelques pouces. Une septième famille, dite des scincoïdes, sert à établir le passage des sauriens aux serpents ; la sangsue en est le type.

Louise. — Ne l'emploie-t-on pas en médecine?

Le Précepteur. — C'est l'annelide le plus recherché à cause de cela : tandis que, pour amorcer le poisson, les pêcheurs font la guerre aux vers, les hommes font la guerre aux sangsues, utiles au traitement d'un grand nombre de maladies. Ces reptiles sont privés d'yeux, d'ouïe et d'odorat ; le toucher seul est chez eux d'une délicatesse extrême.

Georges. — Comment s'attachent-ils aux objets.

Le Précepteur. — Au moyen d'une ventouse dont ils sont munis à chaque extrémité du corps, et qui leur donne une grande force de préhension ; c'est par la même voie que s'opèrent leurs mouvements.

Louise. — Ainsi cet animal chemine sans pieds ni pattes, et la ventouse dont il est muni lui sert sans doute pour sucer le sang?

LE PRÉCEPTEUR. — Oui, par trois petits tubercules à crochets en forme de scie, le sang arrive bientôt à la sangsue.

LOUISE. — Ces reptiles dégoûtants peuvent donc rendre des services à l'humanité!

LE PRÉCEPTEUR. — Dieu n'a rien créé en vain: tel insecte nous incommode, mais savons-nous s'il n'est pas un ennemi nécessaire, et n'accepterons-nous aucun mal de celui qui nous a donné tant de biens? Pesons les choses avec équité, sans chercher une justification pour ce que nous ne pouvons comprendre ni expliquer; admirons dans son ensemble le mécanisme de l'univers, et adorons son auteur.

TRENTE-TROISIÈME ENTRETIEN.

Herpétologie.—Ophidiens.

LE PRÉCEPTEUR. — L'ordre des ophidiens comprend les animaux désignés sous le nom de serpents.

GEORGES. — Ces reptiles n'ont-ils pas tous une forme allongée?

Le Précepteur. — Ils sont dépourvus de membres, et représentent ce qu'il y a de plus rampant dans le règne animal.

Louise. — Comment se mettent-ils en mouvement?

Le Précepteur. — Par la force de la colonne vertébrale, qui donne à toutes les parties de leur corps l'élasticité de véritables ressorts.

Georges. — Ont-ils de la vivacité?

Le Précepteur. — A voir la rapidité avec laquelle ils glissent sur la terre, on les croirait conduits par un fil invisible.

Louise. — Quelle est la nature des serpents?

Le Précepteur. — Ils sont ovipares et vivipares. Les ovipares pondent de trente à quarante œufs, dont la coque a l'aspect d'un calcaire. Les vivipares engendrent des petits avec toutes les conditions propres à leurs mouvements: on rend les ophidiens vivipares en les privant d'eau.

Georges. — Où ces reptiles déposent-ils leurs œufs?

Le Précepteur. — Dans des lieux chauds et humides, particulièrement sur des matières en fermentation, comme le fumier.

Louise. — Les ophidiens vivent-ils partout?

Le Précepteur. — On n'en trouve aucun dans le voisinage des pôles; les températures glaciales leur sont contraires.

Georges. — Ne sont-ils pas très-dangereux?

Le Précepteur. — Les homodermes, ou serpents à peau uniforme, inspirent peu de crainte; mais les hétérodermes, par l'écartement latéral de leurs os maxillaires, par la force de leurs dents, par le volume de leur corps et le venin qu'ils possèdent, sont des animaux très-redoutables.

Louise. — Après leur léthargie, ces monstres ne subissent-ils pas une métamorphose?

Le Précepteur. — Ils changent de peau et paraissent avoir acquis au moment de leur réveil un nouveau degré de force, ce qui les a fait prendre pour le symbole de l'éternité: on pensait en effet que leur vie n'avait point de fin.

Georges. — Ces serpents vivent-ils longtemps?

Le Précepteur. — Quand rien ne trouble leur existence ils atteignent à un âge très-avancé; mais le peu de soins que les femelles prennent de leurs œufs nuit à la propagation de l'espèce.

Louise. — Ne doit-on pas considérer cela comme un bien ?

Le Précepteur. — C'est une preuve, ajoutée à tant d'autres, pour démontrer dans quelle sage mesure la Providence distribue toutes choses. D'une part, elle multiplie les espèces utiles à l'homme, de l'autre, elle restreint celles qui lui nuisent : la création est un bienfait continuel.

Georges. — Les ophidiens sont-ils tous venimeux ?

Le Précepteur. — Non, on les divise en trois tribus, savoir : les serpents venimeux à crochets isolés, les serpents à dents sus-maxillaires, et les serpents sans venin.

Louise. — Sous quelle latitude vivent les plus dangereux ?

Le Précepteur. — Dans les pays chauds, particulièrement en Amérique. Le crotale ou serpent à sonnettes, et le naja ou serpent à lunettes, sont de dangereux ennemis à combattre, par le poison subtil que porte leur dard.

GEORGES. — Comment ce venin donne-t-il la mort?

LE PRÉCEPTEUR. — Les reptiles qui le portent ont au-dessous de l'œil une glande énorme qui prépare la fatale liqueur, et leurs crochets mobiles sont deux dents creuses ou tubes par lesquels le poison est versé dans la plaie. Il suffit de la plus légère piqûre des crochets pour donner une mort violente, accompagnée d'horribles convulsions. Dès que le dard a pénétré sous l'épiderme, le corps enfle, la langue s'épaissit, la plaie se gangrène, et la victime meurt en éprouvant les angoisses d'une soif dévorante.

LOUISE. — N'y a-t-il aucun remède contre de pareils maux?

LE PRÉCEPTEUR. — La cautérisation ou la ligature suivie de la succion, réussissent toujours quand on ne perd pas un instant; la Providence a permis d'ailleurs que ces dangereux reptiles portassent en eux-mêmes une odeur qui signale au loin le danger avant leur approche.

Georges. — Cela suffit-il dans tous les cas?

Le Précepteur. — Non, mais indépendamment de la fétidité qui les précède, les crotales sont munis d'un grelot qui trahit leur marche.

Louise. — Courent-ils vite?

Le Précepteur. — Il est facile à l'homme de les laisser loin derrière lui, et même de s'en rendre maître, quand il les saisit assez près de la tête pour les empêcher de se mouvoir. Le naja, qu'on croit être l'aspic des anciens, est aussi dangereux que le crotale; les Indiens le redoutent beaucoup: cependant ils viennent à bout de le vaincre, et lui livrent en public des combats curieux.

Louise. — L'animal n'a-t-il donc alors plus de dard?

Le Précepteur. — Souvent on lui enlève ses crochets, d'autres fois on épuise son venin en lui donnant un corps mou à mordre.

Georges. — La vipère n'est-elle pas venimeuse, quoique très-petite?

Le Précepteur. — C'est la seule espèce à

craindre dans nos climats ; mais on peut aisément la distinguer de la couleuvre, par sa couleur grise, relevée de taches noires sur le dos.

GEORGES.—Quelle est la longueur du naja?

LE PRÉCEPTEUR. — Il n'a pas moins de huit pieds de long ; la grosseur de son corps est celle d'un bras ordinaire.

LOUISE. — Quel caractère particulier distingue les serpents sans venin ?

LE PRÉCEPTEUR. — Ils sont dépourvus de la dangereuse glande qui, chez les crotales et les najas, sécrète la liqueur mortelle; autrement leur mâchoire est à peu près la même.

GEORGES. — L'orvet n'est-il pas de cette espèce ?

LE PRÉCEPTEUR. — C'est le plus petit comme le plus inoffensif des reptiles.

LOUISE.—Dans certains pays, ne mange-t-on pas en apprêts la chair du serpent?

LE PRÉCEPTEUR. — A Java, les habitants sont friands de la chair de l'acrocharde, dont la queue est en forme de crochet, et qui a de huit à neuf pieds de long.

GEORGES. — Les serpents sans venin ne sont-ils jamais nuisibles ?

Le Précepteur. — Quelques uns, par leur force prodigieuse, peuvent être considérés comme fort dangereux ; de ce nombre sont les boas devins, longs de trente à quarante pieds, et dont le diamètre varie entre quinze et vingt pouces. Leurs dents sont meurtrières ; les troupeaux d'antilopes fuient devant eux, et les cerfs, les chevaux, les buffles, deviennent souvent leurs victimes.

Georges. — Étreignent-ils donc ces animaux dans les nombreux replis de leur corps ?

Le Précepteur. — Oui ; cachés parmi les hautes herbes ou suspendus à un arbre, à l'aide de leur queue prenante, ils attendent patiemment leur proie, s'élancent sur elle au passage, s'enroulent autour de son corps et bientôt l'ont broyée sous leur cruelle étreinte. D'autres fois, ils se jettent à la mer, s'abandonnent au courant, et saisissent les premiers animaux terrestres qui viennent étancher leur soif.

Louise. — Se peut-il faire qu'un boa mange un animal de la taille d'un buffle ou d'un cheval !

Le Précepteur. — Pour y parvenir, le

vorace reptile lui broie les os, l'étire en tous sens, le couvre de bave, et sa mâchoire mobile se dilatant alors, il en engloutit une partie.

Georges. — Que devient le reste?

Le Précepteur. — Tandis que la première moitié se digère, l'autre reste dans la gueule béante, d'où s'exhale une odeur infecte.

Louise. — Connaît-on plusieurs espèces de boas?

Le Précepteur. — On en compte jusqu'à douze.

Georges. — Quel moyen emploie-t-on pour détruire ces redoutables animaux?

Le Précepteur. — Lorsqu'ils sont repus ils tombent pendant le travail de la digestion dans un profond engourdissement. Les nègres mettent ce moment à profit et les assomment après leur avoir passé au cou un nœud coulant. D'autres fois, on est obligé de mettre le feu aux plantes sur lesquelles, par le mouvement de leur marche, ils décrivent des ondulations.

Louise. — La chair des boas est-elle bonne à manger?

Le Précepteur. — En Amérique, les naturels la trouvent délicate; cependant il est à croire qu'ils ne font une chasse aussi acharnée à ces reptiles audacieux que pour mettre les troupeaux et la volaille à l'abri de leurs atteintes.

Louise. — Les ophidiens sont-ils en grand nombre sur la terre?

Le Précepteur. — La petitesse de leurs œufs en compromet beaucoup, et la plupart des jeunes boas meurent faute de soins dès les premiers mois de leur naissance.

Le serpent python est un reptile encore très-redoutable par sa force et sa vigueur; ses habitudes diffèrent peu de celles du boa, il est seulement plus aquatique.

Georges. — L'Europe a-t-elle des serpents dangereux?

Le Précepteur. — Excepté quelques rares vipères, dont la piqûre n'est pas toujours mortelle, on ne trouve chez nous que d'inoffensives couleuvres, que l'on peut considérer comme des espèces dégénérées de serpents sans venin.

Louise. — Voit-on à quelle fin ont été créés ces monstrueux reptiles?

Le Précepteur. — La beauté de leurs

formes, l'harmonie de leurs proportions, la vivacité avec laquelle ils se meuvent, ne nous permettent pas de douter qu'ils n'aient utilement contribué au but final que s'est proposé le créateur. — Où habitent ces terribles ophidiens? — Dans des pays pour ainsi dire neufs. —Quelles sont leurs proies favorites? — L'antilope, le buffle, le cerf et d'autres animaux, qu'en les chassant ils mettent à la portée de l'homme, seul capable de les apprivoiser. Les terrains fossiles nous offrent plusieurs squelettes d'espèces si redoutables, qu'il a fallu un bouleversement général pour les retrancher de la terre : il ne reste d'elles aujourd'hui que des débris sur lesquels des siècles ont passé. L'Europe, la partie du monde la plus civilisée, n'a que peu d'animaux nuisibles; pourquoi ce qui en reste encore ne s'éteindrait-il pas comme se sont éteintes successivement les races dès longtemps perdues? La guerre que se font entre eux les êtres inférieurs est terrible; mais un boa est-il imprenable? — Le chasseur attend le moment de sa léthargie, et là où la force eût échoué, l'adresse réussit. C'est par la supériorité de son intelligence que l'homme domine sur la nature entière. Pour lui, que de grâces à rendre, que de louanges à faire monter aux pieds du Très-Haut, dont la clémence infinie a commencé avec le monde pour durer de toute éternité !

TRENTE-QUATRIÈME ENTRETIEN.

Batraciens.

Le Précepteur. — L'ordre des batraciens qui, selon les zoolographes, paraît établir le passage des reptiles aux poissons, d'après le sens génésiaque, semblerait indiquer une espèce particulière d'amphibies, destinée à former le premier anneau de la chaîne qui lie les animaux aquatiques aux animaux terrestres. Ce qu'il y a de certain, c'est qu'en sortant de l'œuf les batraciens sont pisciformes, ou semblables aux poissons. On les désigne alors sous le nom de têtards ; ils respirent par des branchies, et leurs habitudes sont aquatiques. Cependant, insensiblement leurs pattes se développent, leur vie devient en partie terrestre, ils passent à l'état d'amphibies, et M. de Blainville, en leur donnant ce nom, les désigne aussi sous celui de nudipellifères, ou à peau nue.

Georges. — Dans cette métamorphose, qui semble changer des animaux aquatiques en animaux terrestres, l'organisation des batraciens ne subit-elle pas des modifications ?

Le Précepteur. — Leurs branchies se changent en véritables poumons, et c'est encore là un de ces mystérieux effets de la puissance infinie, manifestée à l'homme par tous les moyens capables de saisir son intelligence en parlant à ses yeux.

Georges. — Quelles sont les principales familles des batraciens ?

Le Précepteur. — Les anoures, dont le corps ressemble à celui de la tortue, moins la carapace, et dont la grenouille est le type ; 2° les urodèles, les salamandres, les tritons et les amphioumes.

Georges. — Le crapaud et la grenouille diffèrent-ils entre eux ?

Le Précepteur. — Leurs habitudes sont à peu près les mêmes, mais le crapaud est lourd, la grenouille élancée, légère, bondissante ; celle-ci nage avec agilité et prend plaisir à faire mille évolutions au sein des eaux.

LOUISE. — Les batraciens sont-ils herbivores?

LE PRÉCEPTEUR. — Non, ils sont carnassiers.

GEORGES. — D'où vient que pendant l'hiver on ne voit plus les grenouilles se jouer à la surface des eaux?

LE PRÉCEPTEUR. — Elles restent engourdies tant que durent les froids, et se tiennent cachées, soit dans la vase au fond des marais, soit dans des interstices placés entre la terre et l'eau; réunies en troupes nombreuses, elles se pressent les unes contre les autres, et semblent se réveiller au printemps avec la nature. C'est à ce moment qu'elles déposent leurs œufs, c'est à ce moment encore qu'on les entend coasser.

LOUISE. — N'y a-t-il pas des grenouilles qui se tiennent sur les arbres?

LE PRÉCEPTEUR. — De ce genre sont les jolies et gracieuses raines vertes, qui sautent de branche en branche comme si elles avaient des ailes, et qui se suspendent pour se balancer dans les airs.

Georges. — Ces grenouilles restent-elles longtemps sur les arbres?

Le Précepteur. — Elles y passent la belle saison et ne les quittent que pour déposer leurs œufs.

Georges. — Ainsi leurs plaisirs sont courts?

Le Précepteur. — Ils ne font que changer de nature, et la vie aérienne n'a de charmes pour les raines vertes que jusqu'au moment où un instinct, plus puissant que leurs penchants, les force à rentrer dans l'élément liquide.

Louise. — Les crapauds ne font-ils pas partie des anoures?

Le Précepteur. — Ils sont à cet ordre comme une espèce dégénérée, par la laideur de leurs formes. Cependant, à ne les considérer que sous le point de vue d'utilité, on trouve qu'ils occupent parfaitement leur place, et le dégoût naturel qu'ils inspirent disparaît en face des services qu'ils rendent.

Georges. — Quel but atteint le crapaud dans la nature?

Le Précepteur. — Il détruit les insectes nuisibles.

Louise. — Ce reptile n'a-t-il pas un venin dangereux?

Le Précepteur. — L'imagination s'est plu à compter des choses étranges à son sujet, mais rien n'est vrai que l'exagération des récits, et le venin que le crapaud distille offre peu de dangers.

Georges. — Y a-t-il des animaux qui se nourrissent de sa chair?

Le Précepteur. — Les serpents et les renards lui livrent, sous notre ciel, de continuels combats.

Louise. — Offre-t-il quelque force de résistance?

Le Précepteur. — Aux attaques dont il est l'objet, il n'oppose qu'une apparente inertie, mais en cet état, il rend son corps capable de résister aux plus cruelles blessures.

Louise. — Comment cela?

Le Précepteur. — Ce reptile enfle à volonté et distille une humeur infectante, accompagnée d'éjaculations d'une liqueur caustique. Le crapaud devient très-vieux et peut vivre, non-seulement sans aliments, mais presque sans air. Pour se convaincre de ce fait, on en a recouverts de plâtre, et, plusieurs années écoulées, ils étaient encore pleins de vie. Le pipa, énorme crapaud de la Guyane, n'abandonne sa progéniture qu'après l'éclosion. Dès que les œufs sont pondus, le mâle les étend sur le dos de la femelle, la peau de celle-ci se gonfle alors, et forme de petites cellules dans lesquelles la ponte se trouve renfermée. Après leur éclosion les petits ne quittent point leur asyle ; mais lorsqu'ils peuvent se mouvoir seuls, la mère, avertie par cet instinct qui ne trompe jamais les femelles, leur donne la liberté en se frottant contre un corps dur où se déchire l'épiderme qui lui est devenu inutile.

Louise. — Qu'est-ce que la salamandre?

Le Précepteur. — Un dégoûtant reptile dont les anciens disaient des merveilles, et qui n'offre en réalité aucun intérêt.

Louise. — N'a-t-elle pas la propriété de résister au feu?

Le Précepteur. — Longtemps on l'a pensé à tort. Ce genre comprend plus de vingt espèces, dont trois se trouvent en France. Dans certaines provinces on leur donne le nom de mourons, dans d'autres celui de sourds. La salamandre est semblable au lézard pour la forme ; sa peau suinte continuellement ; c'est un être amphibie dont la marche est lente, et qui tombe pendant l'hiver dans une complète léthargie.

GEORGES. — Le triton n'est-il pas une salamandre aquatique ?

LE PRÉCEPTEUR. — Faible et timide animal, le Créateur l'a doué d'une merveilleuse faculté réparatrice, et ses membres repoussent, pour ainsi dire à vue d'œil, lorsqu'ils sont coupés. Le triton résiste excessivement au froid, la glace l'enveloppe souvent et le rend immobile sans qu'il paraisse souffrir. Ainsi partout la sollicitude divine se montre avec une constance qui pénètre d'admiration, lorsqu'on veut voir mieux que la superficie des choses. Prenez toute l'échelle des êtres : un seul a-t-il échappé aux soins de la Providence, un seul est-il impropre au but qu'il doit atteindre, à l'élément dans lequel il vit? C'est en vain que dans notre orgueil nous voudrions trouver en défaut la divine sagesse ; l'unité de son œuvre est tellement complète, qu'il est impossible de ne pas y reconnaître l'universelle loi des harmonies tendant à un but commun. Rachetons donc, nous à qui la rédemption est donnée, les premiers torts de notre orgueil, et reportons la science à Dieu, de qui elle procède directement.

TRENTE-CINQUIÈME ENTRETIEN.

Mammalogie, ou histoire naturelle des mammifères.

Le Précepteur. — Les animaux de cet ordre semblent avoir été spécialement créés pour l'utilité de l'homme, qui les a rendus ses tributaires. Par les proportions de leur corps, par leurs mœurs, par leurs habitudes, les mammifères sont dignes d'un intérêt particulier, et les moyens que la Providence leur a donnés pour se garantir contre leurs ennemis, pour satisfaire à leurs appétits, pour obéir à certaines lois imposées à la nature, nous sont comme autant de preuves de la sagesse qui a présidé au plan de la création.

Georges. — Comment les mammifères sont-ils caractérisés?

Le Précepteur. — Par la présence de

mamelles ; cette classe se compose principalement de vertébrés.

Georges. — Tous les mammifères sont-ils de l'ordre des quadrupèdes?

Le Précepteur. — Quoique pourvus de quatre membres, il en est qui ne marchent que sur deux pieds. Ces animaux, par les facultés dont ils jouissent, par l'intelligence dont ils sont doués, méritent d'être placés à la tête du règne animal.

Georges. — Les mammifères ne forment-ils pas la classe à laquelle l'homme se rapporte?

Le Précepteur. — Ils ont du moins plusieurs organes de communs avec lui, et composent, à des degrés différents, la gamme des instincts les plus développés d'entre tous les êtres.

Georges. — Le sang des mammifères est-il riche?

Le Précepteur. — Beaucoup plus que celui des reptiles et des poissons; doués de deux poumons, pourvus de dents incisives, canines et molaires, ils ont ordinairement une force extrême dans la mâchoire ; leur voix est puissante, leur crâne très-développé.

Louise. — Quels sont les mammifères qui ressemblent le plus à l'homme?

Le Précepteur. — Les quadrumanes, qui, le plus ordinairement, ne marchent que sur deux pieds et se servent des autres membres comme de mains.

Georges. — En combien d'ordres se divisent les mammifères?

Le Précepteur. — En huit, savoir : les quadrumanes, les carnassiers, les marsupiaux, les rongeurs, les édentés, les pachydermes, les ruminants et les cétacés.

Louise. — L'ordre des quadrumanes est-il nombreux?

Le Précepteur. — On le divise en deux familles, celles des singes et des makis. Ces animaux sont frugivores.

Georges. — Vivent-ils en société ?

Le Précepteur. — Ce sont des espèces de colonies donnant une idée de ce que serait l'homme à l'état sauvage, si le langage ne lui eût été révélé. Les singes veulent-ils dévaster un champ, ils établissent des sentinelles.

Louise. — Ont-ils de l'intelligence?

Le Précepteur. — On serait tenté de leur en accorder par l'instinct dont ils sont doués ; mais en étudiant leurs habitudes, il est facile de reconnaître qu'ils manquent de réflexion, faculté dont la raison humaine est seule le siège. La Providence en a fait des êtres supérieurs quant aux autres animaux, inférieurs quant aux hommes. Les anneaux de l'échelle des êtres se tiennent sans qu'aucun soit semblable ; Dieu a voulu que la perfectibilité conduisît à la perfection.

Louise. — Quelle est la taille des singes?

Le Précepteur. — Les orangs-outangs, originaires de l'Asie Orientale, ont souvent plus de trois pieds de haut ; on les dresse aux soins de la domesticité, au service de la table, et l'esprit d'imitation leur fait faire par instinct ce que l'intelligence seule nous enseigne.

Louise. — Ces animaux sont-ils susceptibles d'affection ?

Le Précepteur. — Ils en éprouvent beaucoup pour leurs petits et pour leurs maîtres. Les orangs marchent sur deux pieds et tiennent les bras pendants.

Louise. — D'où leur vient le nom de singes ?

Le Précepteur. — De la manie d'imitation dont ils sont doués. Ces animaux se plaisent en tout à copier l'homme. Pris jeunes, il n'est point difficile de les apprivoiser, et ils sont devenus en France un objet de lucre pour ces troupes nomades de Savoyards qui les instruisent à faire des tours pour exciter la charité publique.

Georges. — Les singes soignent-ils leurs petits ?

Le Précepteur. — Les femelles leur prodiguent les soins les plus tendres, et les couples entre eux se témoignent des égards réciproques; rire, pleurer, gémir, tout cela est commun à ces quadrumanes, et on peut les considérer comme le dernier anneau qui sépare l'espèce animale de l'espèce humaine. La Providence les a fait participer de ces deux natures sans les confondre avec aucune : l'instinct finit où l'intelligence commence ; mais l'homme seul a une existence morale et des facultés qui constituent la grandeur de son origine.

Georges. — Le nom de carnassiers n'est-il donné qu'aux animaux qui se nourrissent de chair ?

Le Précepteur — Les naturalistes l'étendent à tous les mammifères onguiculés pourvus de trois sortes de dents et dont l'abdomen n'a pas de poche comme celui des marsupiaux. Le pouce de ces animaux est inopposable aux extrémités antérieures. La chauve-souris, le hérisson, la taupe, l'ours, le blaireau, le putois, la marte, le chien, la civette, la hyène et le chat font partie de ce groupe, dont les appétits carnivores sont très-connus.

Georges. — Quelle est la nature des chauves-souris ?

Le Précepteur. — La faiblesse de leur vue en fait des animaux nocturnes, qui, au moment du crépuscule, engloutissent dans leur énorme gueule, en volant, des quantités considérables d'insectes de nuit. Pendant le jour, cachés dans un arbre creux ou dans une sombre retraite, ils s'enveloppent de leurs ailes comme d'un manteau, et dorment soutenus par leurs ongles aigus.

Louise. — Les chauves-souris ne sont-elles pas sujettes à un engourdissement pendant la mauvaise saison ?

Le Précepteur. — Dès que les froids commencent à se faire sentir, elles se cachent dans des solitudes profondes et se tiennent suspendues au plafond par leurs pattes de derrière. Ainsi perchées, leur engourdissement devient complet et dure jusqu'au retour des beaux jours.

LOUISE. — Celles des pays chauds sont-elles sujettes au même engourdissement ?

LE PRÉCEPTEUR. — Plus la température est élevée, plus les insectes se multiplient aussi ; partout où la chaleur se maintient, les chauves-souris n'ont point à redouter la somnolence, qui est pour elles une hivernation.

GEORGES. — Qui a valu au hérisson le nom qu'il porte ?

LE PRÉCEPTEUR. — Faible insectivore, il a le corps garni de piquants qui sont sa seule défense ; c'est de là que lui vient son nom.

GEORGES. — Les insectivores diffèrent-ils des chéiroptères ?

LE PRÉCEPTEUR. — Ils sont plus particulièrement destinés à creuser le sol pour y établir leur demeure ; mais ils ont avec les carnassiers des rapports d'organisation. Nocturnes comme eux, comme eux ils sont sujets à l'hivernation.

Ces animaux appartiennent au genre plantigrade, parce qu'en marchant ils appuient toute la plante du pied sur le sol.

Louise. — Ont-ils de la force?

Le Précepteur. — Timides et inoffensifs, ils sont de petite taille; mais nous voyons, par le hérisson, comment la Providence a placé en eux l'instinct de conservation qui les met à l'abri de dangereux ennemis.

Georges. — Les carnivores ne diffèrent-ils pas beaucoup des chéiroptères, ou genre chauve-souris?

Le Précepteur. — Ils n'ont pas, comme ces dernières, de membranes latérales, mais ils sont armés d'ongles aigus et doués d'une puissante mâchoire. Les carnivores plantigrades ont en général la facilité de grimper, par les cinq doigts dont ils sont munis : ce sont les moins carnassiers de leur groupe.

Georges. — Les ours ne sont-ils pas plantigrades?

Le Précepteur. — C'est à cette disposition qu'ils doivent de pouvoir grimper et saisir les objets.

Louise. — Distingue-t-on plusieurs espèces d'ours?

Le Précepteur. — L'ours blanc de la mer

Glaciale, l'ours noir d'Amérique et l'ours brun d'Europe, sont les plus connus.

Georges. — Ces trois sortes d'animaux sont-ils semblables?

Le Précepteur. — L'ours blanc a le cou et la tête plus allongés : il est aussi d'une taille plus élevée. Lorsqu'au printemps les glaces commencent à se rompre, il se laisse entraîner avec elles et il n'est pas rare alors de le voir au milieu des eaux. L'attachement de cet animal pour ses petits ferait honte à bien des cœurs d'hommes.

Louise. — La peau d'ours n'est-elle pas un objet de commerce?

Le Précepteur. — On en tire un très-grand parti pour les bonnets à poils et pour d'autres fourrures; leur graisse est recherchée des parfumeurs, et, en général, les robes de tous les animaux carnassiers tournent au profit de l'industrie humaine. L'hermine, la marte, le renard, le loup, le chinchilla, sont autant de sources de richesses pour la pelleterie. Les fourrures nous garantissent l'hiver contre les atteintes du froid. Ainsi, des différentes parties du globe, l'homme échange de riches produits sans qu'aucune espèce s'épuise, sans que le sol s'appauvrisse. La main qui a semé perpétue la semence, la récolte appartient à l'humanité.

Louise. — Quelle est la tribu appelée digitigrade ?

Le Précepteur. — Celle qui se compose de mammifères marchant sur l'extrémité de leurs doigts, comme la marte, le furet, la belette, etc. La marte est un petit quadrupède vermifore qui répand une odeur fétide ; elle fait la chasse aux lapins, aux rats, aux perdrix; mais l'odeur qu'elle exhale leur est un indice de son approche. A son tour elle est garantie contre les animaux carnassiers par cette même odeur, qu'ils ne peuvent supporter. Les mouffettes et les putois sont deux sous-genres de cet ordre.

Georges. — La belette n'est-elle pas aussi vorace que la marte ?

Le Précepteur. — Dans nos fermes, elle fait une guerre d'extermination aux jeunes volailles et aux œufs.

Louise. — Les loutres diffèrent-elles des martes ?

Le Précepteur. — Elles ont les pattes palmées et vivent de poisson. Pour aboutir au rivage, elles se fraient une issue souterraine qui les met à l'abri de bien des atteintes. La loutre apprivoisée pêche pour le compte de son maître.

Louise. — Où la trouve-t-on?

Le Précepteur. — Dans presque toutes les rivières de France et dans la mer. Sa peau sert à faire des casquettes.

Georges. — Petits ou grands, tous les animaux paient donc tribut à l'homme?

Le Précepteur. — Sous toutes les latitudes, dans tous les éléments, ils cèdent au pouvoir de notre intelligence. En asservissant l'espèce animale, nous ne faisons que jouir des droits qui nous ont été donnés, sans qu'il nous soit permis d'en abuser. Le lis des champs reçoit en son temps sa parure; l'oiseau trouve partout le grain qui le nourrit; les troupeaux bondissants paissent dans de gras pâturages : la créature la plus intelligente serait-elle exposée seule aux privations de la misère? Pourquoi y a-t-il donc tant de maux où devrait être tant de bien? C'est que la fraternité ne lie plus les peuples, et que la conscience n'est plus que la raison d'intérêt. Nous avons été appelés à une fin digne de notre origine; manquerons-nous le but en nous écartant de la route, ou, comme le dit saint Paul, « Prati- » querons-nous la vérité par la charité, afin » de croître en toutes choses comme Jésus- » Christ, qui est notre chef et notre tête ? » Que ce soit là notre unique pensée : la vertu devient facile à qui garde un cœur pur. Aimons le bien dans notre intérêt même.

— ※ —

TRENTE SIXIÈME ENTRETIEN.

Mammifères digitigrades. — Le chien

Le Précepteur.— Il a été donné à l'homme un serviteur fidèle, un ami dévoué qui le défend dans le danger, qui veille sur lui à toute heure, et qui, par une abnégation sans exemple, accepte tous les genres de privations. Le chien , ce serviteur, cet ami, ne mérite-t-il pas qu'on lui rende service pour service, affection pour affection, et, quand arrive la vieillesse, les douceurs d'un paisible repos ? Comme il est humble et caressant sous la main de son maître ! Quelle audace il montre s'il s'agit de le défendre , de lui soumettre d'autres animaux! Voyez la meute bondissante que le son du cor fait partir! Le sanglier furieux, le loup terrible, le cerf rapide, rien ne l'arrête, rien ne l'étonne; quand le maître a parlé, chacun fait son devoir. Qui garde le bétail dans nos fermes? Qui ramène au troupeau la brebis égarée? le chien fidèle du berger. — Qui fait la guerre au renard destructeur? le basset aux formes trapues, au courage intrépide. Le lièvre timide a quitté son gîte, le braque le tient en arrêt, le chien courant le poursuit : il est vaincu. S'agit-il de gravir la montagne, le mâtin attend le signal, et, sous un maître intelligent, devient un messager de charité. Sentinelle vigilante, prêt au moindre danger, chaque jour il guide le voyageur qui ne suivait plus de sentier, et arrache à la mort ses victimes. Le chien palmé de Terre-Neuve, par ses instincts, devient un intrépide plongeur, et, mieux qu'aucun canot, ramène au rivage le malheureux que la mer allait entraîner. Les oiseaux dévastent nos champs, le basset les force à la retraite tandis que le barbet poursuit les espèces amphibies. Ainsi, depuis l'épagneul aux allures aristocratiques, jusqu'au chien des déserts qui s'en prend aux lions, aucune espèce de cet ordre n'est inutile à l'homme.

La femelle du chien porte neuf semaines ; rien n'est plus touchant que les soins qu'elle prodigue à ses petits pendant les premiers quinze jours, même pendant plusieurs mois lorsqu'ils ne l'ont pas quittée.

Les chiens diffèrent suivant les climats, ce qui rend leurs nuances très-variées.

Les naturalistes désignent sous le nom de chiens, les espèces domestiques et d'autres carnassiers qui, par leurs formes, ont des rapports avec lui. Ces animaux ont cinq doigts aux pieds de devant et quatre à ceux de derrière. Leur agilité est extrême, leur odorat parfait, et leurs appétits carnassiers susceptibles d'être modifiés.

Georges. — Ne fait-on pas descendre le chien du chacal ?

Le Précepteur. — Ils ont ensemble plus d'un rapport ; toutefois, ce qui distingue le premier, c'est la sensibilité et l'attachement dont il est susceptible. Il ne compare ni ne juge ; mais c'est un être d'affection doué d'un instinct parfait. Et nous, pour qui son œil veille sans cesse, nous que sa voix avertit du moindre danger, remercions celui qui nous a donné un serviteur si dévoué. La fortune nous quitte, le monde nous abandonne ; le chien fidèle nous reste ; c'est le seul ami que les reproches ne lassent point, que la colère n'irrite pas ; humble, il lèche la main qui le frappe, et quand on l'opprime, c'est encore lui qui demande pardon.

Soyons pour lui compatissants et justes ; ce qui peut ajouter aux jouissances de notre vie ne doit-il pas ramener notre pensée à une seule pensée, Dieu, dispensateur de toutes grâces?

TRENTE-SEPTIÈME ENTRETIEN.

Lion. — Tigre. Panthère. — Once. — Léopard. — Chat. — Lynx.

Le Précepteur. — Le loup, voisin du chien par les formes, s'en éloigne tout-à-fait par les instincts. Pressé par la faim, il s'introduit dans les bergeries, les dévaste et s'en prend à l'homme quand les animaux lui manquent. Le loup vit seul au milieu des bois, et ne se réunit à ceux de son espèce que pour lutter contre un danger.

Louise. — Le renard est-il aussi dangereux que lui?

Le Précepteur. — Emblème de la ruse, il obtient à force de temps ou de patience ce que le loup se procure par la violence. Caché non loin des habitations, il s'introduit en maraudeur dans les granges, saigne les volailles et les emporte successivement ou les cache dans différents trous. Le pelage du renard est pour nous un objet de commerce. Le chacal tient le milieu entre le loup et le renard. On lui donne aussi le nom de loup doré.

Georges. — Le chacal est-il originaire de nos climats?

Le Précepteur. — En Afrique et en Asie on le rencontre par troupeaux de trois à quatre cents, sous la conduite d'un chef habile ; mais il n'habite point l'Europe.

Louise. — Ses appétits sont-ils voraces?

Le Précepteur. — Oui; cependant sa poltronnerie l'empêche de chasser les animaux vivants, et il se nourrit de viandes putréfiées.

Georges. — Qels sont les instincts de la civette?

Le Précepteur. — Elle est farouche et ressemble au chat pour les allures ; elle se nourrit d'oiseaux ou de racines.

Louise. — N'a-t-elle pas sous le ventre une poche qui contient un parfum très-fort ?

Le Précepteur. — Ce parfum est le résultat d'une humeur épaisse. On le vend dans le commerce sous le nom de civette, associé à beaucoup d'autres odeurs.

Georges. — Quel est l'animal dont la férocité inspire le plus de terreur au bétail ?

Le Précepteur. — C'est la hyène, qui, lorsque la chair palpitante lui manque, déterre les cadavres pour s'en nourrir. Sa force est prodigieuse en raison de sa taille ; elle emporte des moutons à une grande distance sans se reposer. L'Asie et l'Afrique sont peuplées de hyènes. A côté de cette cruelle bête fauve, et sous le même ciel, se trouve le lion, justement appelé le roi des animaux par la majesté de sa taille, par la grâce de ses mouvements ; souple et agile, il jouit d'une énergie musculaire qui rend ses coups redoutables.

Georges. — Ses rugissements ne sont-ils pas effrayants ?

Le Précepteur. — Ils annoncent sa force prodigieuse ; lorsqu'il est en colère le lion fait entendre un cri terrible, agite violemment sa queue, hérisse sa crinière, ride son front et montre des dents menaçantes.

Louise. — Attaque-t-il l'homme ?

Le Précepteur. — Lorsque celui-ci semble le menacer ; autrement il ne s'en prend qu'aux animaux.

Georges. — La lionne a-t-elle autant d'énergie que le lion ?

Le Précepteur. — Quand elle a des petits, elle attaque avec une audace qui lui ferait défaut dans d'autres circonstances.

Louise. — Est-elle pourvue d'une crinière ?

Le Précepteur. — Non, et ses formes sont moins gracieuses que celles du lion ; mais il est touchant de voir avec quelle abnégation elle remplit les devoirs de la maternité. La nature ne lui a rien appris, son instinct seul la guide, et malheur à qui tente de lui enlever ses petits. Dès que les lionceaux ont acquis de la force, elle leur apprend à déchirer la chair, à sucer le sang, et ne les abandonne à eux-mêmes que lorsqu'ils peuvent se défendre. Le pelage des mammifères de cette famille est très-recherché.

Georges. — Le lion vit-il en bonne intelligence avec d'autres animaux?

Le Précepteur. — Tous le craignent : on dirait qu'il est appelé à les chasser des vastes forêts où il a établi lui-même son empire.

Louise. — N'y a-t-il pas eu jadis des lions en Europe?

Le Précepteur. — On les y trouvait par centaines ; mais la civilisation en a fait raison, comme de tout ce qu'elle doit reculer ou détruire.

Georges. — Ne parvient-on pas à dompter le naturel sauvage des lions?

Le Précepteur. — Ceux qui ont eu le courage de le tenter ont réussi à le faire. Nos animaux domestiques ont passé par l'état sauvage ; il est donc à croire que, par des moyens inconnus, on trouvera un jour l'art de dominer les animaux féroces. L'homme ne s'asservit rien qui ne lui soit nécessaire, et que la civilisation n'ait commandé. Si demain le lion devait passer à l'état de domesticité, demain Dieu mettrait en nos mains la possibilité d'obtenir ce résultat : tout ce qui nous est utile est possible à l'éternelle puissance.

Georges. — Le tigre n'est-il pas plus féroce que le lion ?

Le Précepteur. — Il est du moins plus cruel : on le dirait poussé par la soif du sang, et sa férocité est telle, que les paisibles troupeaux, les jeunes éléphants, les rhinocéros, deviennent tour à tour ses victimes.

Georges. — Cette famille est-elle nombreuse ?

Le Précepteur. — Non, et la Providence l'a reléguée sous le ciel brûlant des Indes-Orientales, où se trouvent les animaux propres à ses appétits. Sucer le sang encore chaud, déchirer de la chair palpitante, c'est pour le tigre plus que satisfaire sa faim !

Louise. — Comment peut-il dévorer un éléphant ou un rhinocéros ?

Le Précepteur. — La force prodigieuse de ses mâchoires lui permet de traîner au loin sa proie sans ralentir sa course.

Georges. — La panthère, le léopard et

l'once ne ressemblent-ils pas au tigre pour le pelage?

Le Précepteur. — Ces animaux sont diversement tachetés, mais leurs instincts se rapprochent. Par les nuances de leurs robes, le guépard et l'ocelot font aussi partie du même ordre, et tous, dans de plus grandes proportions, ont de l'analogie avec le chat, auquel ils font une guerre constante.

Georges. — Ce dernier n'est-il pas susceptible d'attachement?

Le Précepteur. — Il tient plus aux localités qu'aux personnes; cependant on lui prête une sauvagerie qu'il n'a pas, et, pour peu qu'on le traite bien, il s'en montre reconnaissant par ses caresses. Les rats, les souris, ennemis déclarés de nos ménages, nous deviendraient des hôtes incommodes, sans la guerre d'extermination que les chats leur livrent. Expression de la grâce, le petit chat nous amuse par ses gentillesses, et s'essaie sous les yeux de sa mère à guetter ces éternels rongeurs, qui s'en prennent aux objets propres à notre usage, au linge surtout.

Le lynx, appelé aussi loup-cervier, a

beaucoup des allures du chat; il bondit et saute comme lui; c'est un habitant des pays situés au-delà de Pyrénées, et adonné à la chasse du chevreuil ou du cerf.

GEORGES. — N'était-il pas jadis très-commun en Europe?

LE PRÉCEPTEUR. — On l'en a chassé, comme on a fait des lions. La Providence subordonne tout à la nécessité et à l'utilité; c'est ainsi que les animaux nuisibles deviennent la proie de plus terribles qu'eux, et que tous, tributaires les uns des autres, sont relativement à l'homme dans un état de dépendance. Lui seul se donne, par le cœur, une famille qu'il entoure de tendresse, et qui veille plus tard sur ses jours; l'animal ne se donne que des petits. Chez l'un les affections viennent de l'ame, chez l'autre, elles ne sont qu'un pur instinct. Est-il étonnant que, pour des êtres dissemblables, la suprême intelligence ait eu des lois différentes?

Ces redoutables animaux, que nous regardons comme des fléaux, ne sont-ils pas plutôt des instruments aveugles appelés à maintenir l'équilibre de certaines classes d'êtres, dans une proportion en rapport avec nos besoins? Dieu est aussi sage que puissant; les lois sur lesquelles repose l'univers sont saintes; ce que nous jugeons en mal tourne en bien. Ne rejetons point les choses que nous ne comprenons pas : tout arrive en son temps, et il est écrit au livre des prophètes, qu'un jour viendra où la prière des élus sera exaucée; « où le loup et l'agneau iront paître ensemble, où le lion et le bœuf mangeront la paille, où la poussière sera la nourriture du serpent. Ils ne nuiront point et ne tueront point sur toute la montagne sainte, dit le Seigneur. » (*Esaïe*, ch. LXI, v. 25.) Ainsi les instincts carnassiers des plus terribles animaux disparaîtront, le lion mangera de la paille avec le bœuf, et la paix, qui est le but final de l'humanité, régnera sur la terre.

TRENTE-HUITIÈME ENTRETIEN.

Écureuil. — Guerlinguet. — Polatouche. — Chinchilla. — Petit-gris. — Rat — Souris.

LE PRÉCEPTEUR. — Nous nous sommes occupés des carnassiers ; nous passerons à l'ordre des rongeurs, qui est le plus nombreux de la mammalogie. Les petits êtres onguiculés dont les formes et l'organisation se rapprochent de celles du rat, font partie de ce groupe; ils sont la pâture d'espèces douées d'une force supérieure à la leur.

Georges. — Quelle est la conformation des rongeurs?

Le Précepteur. — Leur museau arrondi est garni de moustaches, leur cerveau est très-petit, ils sont peu intelligents; seulement ils sont doués d'une grande adresse, pour échapper á leurs ennemis. La vue, l'ouïe et souvent l'odorat, sont chez eux d'une finesse extrême.

Georges. — Leurs dents sont-elles particulièrement conformées?

Le Précepteur. — Ils n'ont que deux longues incisives, séparées des molaires par un espace vide; c'est avec ces incisives qu'ils rongent ce qui doit les nourrir.

Louise. — Ces animaux sont-ils errants?

Le Précepteur. — Ils quittent, au contraire, très-peu leurs bouges et leurs terriers.

Georges. — Comment se procurent-ils leur nourriture?

Le Précepteur. — En la cherchant dans

les environs, et de préférence la nuit. Le chinchilla, le petit-gris, le hamster, font partie de l'ordre des rongeurs claviculés.

GEORGES. — La fourrure de ces derniers n'est-elle pas recherchée?

LE PRÉCEPTEUR.—On en fait le plus grand cas. Ces petits êtres ne peuvent rien déchirer, mais en revanche ils rongent, ils usent, ils liment, avec une persévérance désespérante; ce qui leur a valu le nom de rongeurs.

GEORGES. — Comment marchent-ils?

LE PRÉCEPTEUR. — La partie postérieure de leur corps étant ordinairement plus développée que la partie antérieure, ils sautent plutôt qu'ils ne marchent.

GEORGES. — Ont-ils la vue pénétrante?

LE PRÉCEPTEUR.—Leurs yeux, placés tout-à-fait sur le côté, ne leur permettent pas de voir en face. L'écureuil, la marmotte, le loir, le rat, le castor, le porc-épic et le lièvre, sont des rongeurs bien caractérisés. A lui seul le genre écureuil comprend environ quarante espèces formant quatre sous-genres, savoir : les écureuils proprement dits, les guerlinguets, les polatouches et les taïmas.

Louise. — Ont-ils entre eux quelque ressemblance?

Le Précepteur. — Tous s'abritent sous une longue queue velue qui leur sert de parasol.

Georges. — Quelles sont les qualités particulières de l'écureuil?

Le Précepteur. — Il semble destiné à servir de symbole à la grâce, et rien ne peut égaler sa légèreté. Perché sur la cime des arbres, il s'y promène comme un oiseau, y cueille étourdiment les fruits qui lui conviennent, s'assied à la manière des singes, et, comme eux, se sert de ses pattes de devant pour tenir les semences qui lui plaisent. Toujours bondissant, il brille sous les rayons du soleil de la plus jolie nuance dorée.

Georges. — Où établit-il son nid?

Le Précepteur. — Sur le haut des arbres; il se construit là un asyle artistement élevé qui le met, avec ses petits, à l'abri du froid. Les poils de sa queue servent à faire des pinceaux.

Louise. — Ce petit rongeur ne s'apprivoise-t-il pas?

Le Précepteur. — Il est très-facile de

l'habituer à vivre dans l'intérieur des appartements où il devient pour les maîtres un objet de distraction, sans être jamais dangereux; cet animal est répandu dans toutes les parties du globe.

Louise. — Qu'est-ce que le polatouche?

Le Précepteur. — Un écureuil d'Amérique qui est lourd et qui ne sort jamais que la nuit quand il est pressé par la faim. L'écureuil suisse fait son nid dans un terrier, il y amasse des provisions pour le temps où la neige le retient au logis.

Louise. — La marmotte, que les Savoyards ont remplacée par les singes, ne s'engourdit-elle pas pendant l'hiver?

Le Précepteur. — Le froid la fait tomber dans une complète léthargie; mais tant que dure l'été elle est leste, et chacun a pu la voir danser autour d'un bâton, dans les rues de nos grandes villes. Les marmottes se creusent, sur le penchant des collines, des retraites qui accusent l'instinct le plus délicat; un long corridor conduit à deux chambres matelassées avec du foin, et assez grandes pour loger, l'hiver, toute la famille. Que la neige tombe à gros flocons, que les vents mugissent, qu'importe au paisible animal! la Providence l'a pourvu d'une épaisse fourrure, et sous la terre où son industrie l'a conduit, il trouve un abri contre les rigueurs de l'arrière-saison. Qui donc a montré à ce petit être l'art d'élever un édifice? Les hommes ne lui ont rien enseigné, mais l'auteur de toutes choses veille sur l'animal de la montagne comme sur celui de la plaine, et la marmotte a reçu de lui le don de se bâtir un nid inaccessible. Les beaux jours revenus, les mères, dès le matin, sortent pour couper de l'herbe, et ne vont chercher leurs petits qu'au moment où le soleil donne toute sa chaleur. La famille entière se réunit alors, on place une sentinelle, et les petits jouent, tandis que le reste de la colonie a repris son travail.

Admirable prévoyance, instinct presque égal à la raison, comment ne pas célébrer en chant de triomphe la miséricorde divine en face de tels prodiges!

Georges. — En quoi les guerlinguets diffèrent-ils de l'écureuil?

Le Précepteur. — Par la rondeur de leur queue.

Louise. — Qu'est-ce que les loirs?

Le Précepteur. — Un genre de mammifères très-doux, que la forme de leurs molaires distingue des autres claviculés. Ils grimpent comme les écureuils, et se nourrissent de fruits secs. Leur chair passe, dans les pays du Midi, pour être un assez bon manger. Ainsi que les marmottes, ils hivernent et font leurs provisions pendant l'été. La fourmi n'est pas seule industrieuse. Pour les hommes, l'imprévoyance c'est la misère, pour les animaux c'est la mort; mais la charité pense à ceux qui ne pensent à rien, et les animaux ne vont pas au-delà d'eux-mêmes.

Georges. — Quelle partie de la terre est propre aux échingres?

Le Précepteur. — Ces petits rongeurs habitent l'Amérique.

Louise. — Et les chinchillas?

Le Précepteur. — On les trouve sur les montagnes du Pérou et du Chili.

Georges. — Il nous reste à connaître l'histoire du rat.

Le Précepteur. — Les dégâts de cet hôte importun sont trop communs pour n'être pas connus. De la cave au grenier sa présence incommode, et c'est de lui qu'on pourrait dire : je ne sais à quoi il est bon.

LOUISE. — Comment vit-il?

LE PRÉCEPTEUR. — Aux dépens de tout le monde.

GEORGES. — Est-il carnassier?

LE PRÉCEPTEUR. — Pain, fruits, légumes, fromage, viande, tout lui convient; il est omnivore.

LOUISE. — Où fait-il son nid?

LE PRÉCEPTEUR. — Dans les trous de mur, derrière des boiseries, sous les plafonds, partout où la griffe du chat ne peut l'atteindre; c'est un habile mineur, qui ne demande que du temps pour accomplir son œuvre de destruction.

LOUISE. — Quelle différence distingue la souris du rat?

LE PRÉCEPTEUR. — Douée des mêmes instincts, elle est beaucoup plus petite que lui; mais l'un et l'autre est si poltron, que le mot est devenu proverbial, et que l'on dit vulgairement : peureux comme un rat.

LOUISE. — La souris a-t-elle beaucoup d'ennemis?

Le Précepteur. — Les oiseaux de nuit, les chats, les fouines, les rats mêmes, lui sont autant d'adversaires : mais elle se reproduit abondamment plusieurs fois par an.

Georges. — Le mal qu'elle fait est-il compensé par aucun bien?

Le Précepteur. — Elle oblige les femmes à des précautions qui ne seraient pas prises, et le logis gagne en propreté ce que la souris perd en tentatives inutiles. Un léger bruit se fait-il entendre? la ménagère retourne ses provisions, les change de place, passe et repasse le balai, couvre les tonnes, ferme les sacs, et donne à ces soins d'intérieur un temps dont peut-être eût profité la médisance. Le linge a-t-il été atteint? elle l'examine pièce à pièce, met de côté ce qui réclame son travail, et trouve, en cherchant les dégats de la souris, l'occasion de réparer le mal que le temps a pu faire. Rien n'est inutile, rien n'est de trop; la vie de chaque individu nous est une étude profitable, et de toute étude ressort une leçon. Ce n'est pas le fait seul qu'il faut voir, ce sont les conséquences qui en découlent, et si, après un examen religieux, notre raison ne trouve rien à relier à l'utilité des choses, c'est qu'il existe des ténèbres qu'il ne lui est pas permis de sonder : Dieu seul a le secret des mystères de la vie.

TRENTE-NEUVIÈME ENTRETIEN.

Le castor.

Le Précepteur. — De toutes les existences animales, celle du castor est particulièrement appelée à démontrer que rien n'est livré au hasard, que la Providence, en donnant à chaque être l'instinct nécessaire à sa conservation, prend part aux œuvres qui concourent à l'harmonie constitutive de l'ensemble. Par leur conformation générale, les castors tiennent du rat; ils s'en éloignent par la taille.

Georges. — Quelle contrée habitent-ils?

Le Précepteur. — L'Amérique du Nord. Ces animaux vivent en société et entreprennent collectivement les travaux généraux de leurs habitations.

Louise. — Ne vivent-ils pas sur le bord de la mer?

Le Précepteur. — Ils y construisent des digues, véritables ouvrages de maçonnerie, auxquels le temps donne une grande solidité.

Georges. — Où prennent-ils leurs matériaux ?

Le Précepteur. — Des branches d'arbres et le dépôt vaseux des eaux en font les frais. La colonie entière construit la digue commune, de petits groupes se forment ensuite, et chaque famille élève, selon le nombre de ses membres, la cabane qui doit la recevoir.

Georges. — Est-ce que les murs de ces habitations sont crépis ?

Le Précepteur. — Ils résistent aux plus grands dangers.

Georges. — Avec quoi est pétri le ciment qui les enduit ?

Le Précepteur. — Avec du limon, de la mousse, des herbes et du gravier ; l'extérieur des cabanes est recouvert d'une terre détrempée que les premiers froids durcissent.

Louise. — Plusieurs familles logent-elles sous le même toit ?

Le Précepteur. — Deux s'y réunissent

ordinairement, et forment un groupe de dix à douze individus. Tant que dure la belle saison, la colonie travaille à ses approvisionnements d'hiver.

Georges. — De quoi se nourrit le castor?

Le Précepteur. — De racines et d'écorces tendres qu'il emmagasine activement. La porte de sa cabane est toujours opposée à la rive, et baigne dans l'eau par la partie qui touche le sol.

Louise. — Est-ce qu'il y enterre ses provisions?

Le Précepteur. — Non, il y a des magasins généraux; pendant les mauvais jours, l'animal jouit en paix des charmes d'une douce retraite.

Louise. — Quel est le naturel du castor?

Le Précepteur. — Il est timide et craintif, aussi ne travaille-t-il que la nuit; ses dents incisives sont le seul instrument qu'il emploie pour abattre les bois tendres dont il fait usage.

Georges. — Abandonne-t-il ses travaux si on le poursuit?

Le Précepteur. — La moindre crainte le

trouble et l'empêche d'achever les constructions qu'il avait commencées.

Louise. — Que devient-il alors?

Le Précepteur. — Il se creuse plusieurs terriers sur le bord des rivières, de manière à pouvoir se réfugier dans l'un quand il est traqué dans l'autre. Dans certains cas, lorsque les constructions sont très-avancées, la colonie creuse des terriers dans les environs et s'y réfugie, en plongeant sous l'eau, dès que les cabanes sont menacées.

Georges. — Comment le castor fait-il les ouvrages maçonnés?

Le Précepteur. — Pour abattre les bois ses dents font l'office d'une scie, pour pétrir le limon ses pattes font l'office de mains, et sa queue lui sert de truelle pour appliquer le mortier.

Louise. — Les castors sont-ils nombreux?

Le Précepteur. — La richesse de leur fourrure leur suscite des ennemis acharnés; sans cela, ils formeraient d'immenses peuplades.

Georges. — Comment les prend-on?

Le Précepteur. — Dès que les froids

commencent à se faire sentir, on leur dresse différentes embûches, et même on les force dans leur retraite.

Louise. — Ces animaux ont-ils des chefs?

Le Précepteur. — Ils n'ont que des familles, mais chacun, en travaillant pour soi, travaille pour tous, et la paix règne sans effort dans ces pacifiques colonies. La garnison qui défend une forteresse entoure ses fossés de remparts, et, sous un chef habile, exécute d'immenses travaux. Sans avoir rien appris, les castors savent beaucoup; l'instinct leur suffit pour étudier les lois de la proportion et de la symétrie. A un courant rapide ils opposent une digue recourbée; dans une eau paisible, ils se dirigent en ligne droite, et dans les deux cas ils réussissent.

Qu'elles sont nombreuses, qu'elles sont grandes les œuvres de la création, ainsi manifestées par tant de phénomènes! Suivons-les sans cesse pour les admirer, et que la glorification du nom de l'Eternel soit le résultat de nos constantes recherches. Dieu est l'auteur de l'univers.

QUARANTIÈME ENTRETIEN.

Le porc épic. — Le lièvre. — Le lapin, etc.

LE PRÉCEPTEUR. — Un animal dont les allures se rapprochent de celles du cochon, le porc-épic, est à l'ordre des rongeurs ce que le hérisson est à celui des carnassiers : l'un et l'autre sont armés de piquants.

GEORGES. — La taille du porc-épic est-elle élevée ?

LE PRÉCEPTEUR. — Plus haute que celle du lièvre et du castor, elle est loin de celle du cochon, avec lequel le porc-épic a quelque ressemblance.

LOUISE. — Quelles sont les habitudes de cet animal ?

LE PRÉCEPTEUR. — Il est lourd autant que lent, et ne sort guère de son terrier que le soir, pour aller chercher les fruits dont il se nourrit.

GEORGES. — Est-il dangereux ?

LE PRÉCEPTEUR.—Armé pour la défensive, il fait plus de bruit que de mal, et attend son ennemi sans jamais l'attaquer. Originaire des pays chauds, le porc-épic s'engourdit aux approches de l'hiver.

LOUISE. — Dans quels pays habite-t-il ?

Le Précepteur. — En Italie, en Espagne et en Afrique.

Lorsqu'on l'attaque, il hérisse les pointes aiguës dont il est armé, trépigne des pieds et s'avance en secouant ses piquants.

De mœurs tout-à-fait différentes, le lièvre, paisible habitant de nos bois, intéresse par sa douceur.

Georges. — A quoi attribue-t-on son excessive timidité ?

Le Précepteur. — Au sentiment qu'il a de sa faiblesse. Les plus petits carnassiers le domptent ; mais son agilité naturelle le met souvent à l'abri du danger.

Louise. — N'en détruit-on pas un grand nombre ?

Le Précepteur. — Le renard, le loup, la marte, les oiseaux de proie et les chiens le traquent de toutes les façons ; heureusement pour l'espèce, la femelle porte plusieurs fois dans l'année : c'est ainsi que tout est compensé dans la nature. Les ennemis du lièvre le rendent craintif ; mais il leur échappe par la fuite. On le traque, on l'atteint dans son gîte : l'espèce ne diminue point, parce que ce qui naît d'un côté remplace ce que l'on tue de l'autre.

Le lièvre dort les yeux ouverts ; ses paupières sont dépourvues de cils ; ses jambes de devant sont courtes, ce qui le fait se diriger vers la montagne dès qu'il est poursuivi.

Louise. — Où établit-il son gîte ?

Le Précepteur. — En hiver, il habite les parties de bois situées au midi ; en été, il choisit celles qui sont fixées au nord.

Georges. — Revient - il toujours au même lieu ?

Le Précepteur. — Quand il est poursuivi, l'instinct lui fait prendre sa course du côté opposé au vent. Il tourne, retourne, cherche à dépister son ennemi, et rentre au gîte, s'il peut y arriver. Le lièvre, qui fournit une longue course, est étranger ordinairement aux lieux où on le surprend. L'été, cet animal se tient dans les champs ; en automne, il fréquente les vignes ; en hiver, il suit la lisière des bois, et l'on peut dire qu'il est partout où sont les récoltes. La chair de ce rongeur est excellente ; le feutre de sa peau sert à la chapellerie.

Louise. — Existe-t-il une grande différence entre le lièvre et le lapin ?

Le Précepteur. — Leur pelage est dissemblable, leurs habitudes ont de l'analogie ; cependant le lapin échappe plus facilement à l'œil du chasseur, et se cache dans la terre presque à ses pieds.

GEORGES. — Y vit-il ?

LE PRÉCEPTEUR. — Lui et sa nombreuse famille y trouvent un asyle sûr. Traqué, il bondit, se glisse sous l'herbe et rentre dans son terrier au nez du chien qui le poursuit. La femelle du lapin est très-féconde; elle allaite ses petits un mois ou six semaines.

GEORGES. — Cet animal devient-il vieux?

LE PRÉCEPTEUR. — Il vit de huit à neuf ans. Sa chair fournit à la nourriture d'un grand nombre de familles. Le lapereau rôti est un manger délicat. Le poil de lapin sert à la fabrication des chapeaux d'hommes. Le cochon d'Inde est un petit animal dont l'espèce, ainsi que celle du lapin, se propage avec une excessive rapidité. Manger, dormir, voilà sa vie. L'éternelle balance de l'équilibre humain établit ainsi l'égalité par les contraires. Dieu répand la vie et la lumière ; il donne à chacun ses jours et ne laisse naître ceux-ci que pour servir de pâture à ceux-là. La nature entière obéit à la même loi ; son commencement et sa fin sont connus de Dieu seul ; mais Dieu est connu de tous, car sa bonté se manifeste par les œuvres de ses mains.

QUARANTE-UNIÈME ENTRETIEN.

Les marsupiaux.

LE PRÉCEPTEUR. — Un ordre singulier, par la disposition de ses organes, c'est celui des marsupiaux ou animaux à poche; il sert à montrer à quel point la Providence est féconde en bienfaits envers cette variété d'êtres qui peuplent la terre. Les marsupiaux naissent pour ainsi dire avant d'être formés, et prennent dans une poche placée sous le ventre de leur mère le développement qui doit en faire des êtres complets. Cette espèce appartient à la Nouvelle-Hollande; le plus remarquable animal du genre est le kangouroo, dont la taille approche de celle du chevreuil.

GEORGES. — Quels signes particuliers le distinguent ?

LE PRÉCEPTEUR. — Il est haut sur ses pattes de derrière et bas sur celles de devant, qui lui servent à prendre les fruits dont il se nourrit. Les pédimanes ou sarigues ont à peu près les mêmes habitudes que lui.

Louise. — La marche du kangouroo n'est-elle pas disgracieuse ?

Le Précepteur. — Au contraire, elle a de la grâce, parce que cet animal n'avance que par sauts, et qu'il est comme lancé par sa queue, dont le mouvement a le jeu d'un ressort.

Une autre classe de mammifères non moins intéressante à étudier que les précédentes, est celle des édentés. Par un de ces enchaînements qui prouvent la profondeur des voies de la Providence, entre les animaux d'une même espèce il existe des variétés qui semblent indiquer le passage d'un ordre inférieur à un ordre supérieur ; ainsi la chauve-souris tient imparfaitement des oiseaux par les ailes ; de même l'amphibie, sans être poisson, n'est pas cependant quadrupède, et à leur tour les édentés offrent quelque chose de la forme des reptiles.

Georges. — Cette ressemblance entre les animaux de divers genres est-elle intérieure ?

Le Précepteur. — Non, elle se borne à la forme.

Georges. — D'où vient le nom d'édenté ?

Le Précepteur. — Il signifie privé de dents.

Louise. — Les édentés sont-ils agiles ?

Le Précepteur. — Leurs mouvements s'opèrent avec lenteur ; le paresseux peut leur servir de type. Disgracieux par la disproportion de son corps, malgré ses allures pesantes, l'organisation qu'il a reçue est en rapport avec son genre de vie.

Georges. — Quelles contrées habite-t-il ?

Le Précepteur. — Le sud de l'Amérique. Cet animal se traîne péniblement à terre, mais il grimpe sans peine sur les arbres, et n'en abandonne un qu'après l'avoir entièrement dépouillé. Le paresseux est de la famille des édentés tardigrades, à laquelle se rapportait l'ancien mégathérium. Son poil est cassant comme de la paille ; il a, de même que les ruminants, un appareil digestif à quatre compartiments. Pour dormir, il saisit fortement une branche et ne la quitte qu'au réveil. Il a des dents canines ; ses ongles sont très-courts.

GEORGES. — A quoi reconnaît-on les édentés propres?

LE PRÉCEPTEUR. — A leur museau pointu terminé par une petite bouche. Le tatou est un édenté parfait; au lieu de poils, son corps est recouvert d'une sorte d'écaille semblable à la carapace d'une tortue, et divisée en deux boucliers séparés par un nombre de bandelettes articulées qui permettent à l'animal de se rouler en boule, lorsqu'un danger le menace et qu'il n'a pas le temps de se creuser un terrier.

LOUISE. — Comment vit le tatou?

LE PRÉCEPTEUR. — D'insectes et de végétaux. Le chlamyphore, plus remarquable que le tatou, est également recouvert de cuirasses écailleuses parfaitement ajustées.

GEORGES. — Cet animal habite-t-il l'Europe?

LE PRÉCEPTEUR. — Il ne se trouve que dans le Chili; sa taille ne dépasse pas cinq ou six pouces de longueur.

GEORGES. — Existe-t-il d'autres édentés écailleux?

LE PRÉCEPTEUR. — Au cap de Bonne-Espérance on trouve l'orytérope, encore appelé cochon de terre, parce qu'il aime à creuser. Les pangolins forment une autre variété d'animaux à écailles, qui ressemblent au tatou, quoique dépourvus de dents.

Par l'observation nous faisons dans cette série les plus intéressantes découvertes; renferme-t-elle des animaux privés de dents dont les membres sont courts, un bouclier impénétrable les met à couvert au moment du danger. Qu'on les larde, qu'on les morde, le fer et la dent glissent sur l'épaisse écaille dans laquelle ils sont enroulés. Qu'eussent-ils fait, si la Providence, en veillant sur tous, les eût oubliés? Que les incrédules étouffent leurs blasphêmes, qu'ils étudient Dieu pour croire à sa puissance rémunératrice! Les âges passent, les hommes disparaissent, l'Eternel et son œuvre restent toujours; le Créateur et la créature sont unis dans le temps, puissent-ils l'être dans l'éternité!

QUARANTE-DEUXIÈME ENTRETIEN.

Animaux ongulés et imparongulés.

Le Précepteur. — Nous parlerons des animaux ongulés et imparongulés, tels que l'éléphant, le rhinocéros, le tapir, l'hippopotame.

Les mammifères ongulés sont ceux que l'homme a plus particulièrement soumis à sa puissance, parce que d'eux il devait obtenir plus de services. La Providence a voulu que les animaux les plus utiles fussent aussi les plus faciles à dompter. Nourriture, vêtements, travaux, l'homme obtient tout de cette classe nombreuse d'êtres soumis par l'intelligence à sa domination.

Les pachydermes ou animaux à peau dure sont les plus gros mammifères connus, tels que l'éléphant, l'hippopotame, le rhinocéros. Destinés à brouter, ils ont des jambes courtes et un cou assez souple pour prendre sans peine la nourriture que le sol leur fournit.

Georges. — En combien de familles cet ordre est-il divisé ?

Le Précepteur. — Il comprend les proboscidiens, dont l'éléphant est le type, et les pachydermes propres.

LOUISE.—Quel est le caractère particulier de l'éléphant?

LE PRÉCEPTEUR. — Sa peau épaisse, garnie de poils rares, lui donne, autant que ses formes prodigieuses, un aspect singulier. Cet animal est le digne descendant du colossal mastodonte, détruit par les grandes catastrophes qui ont bouleversé le monde.

LOUISE. — L'éléphant est-il intelligent?

LE PRÉCEPTEUR. — Ce qu'on a écrit de lui n'a rien d'exagéré, et nous ne devons pas nous étonner que dans un pays où les lumières sont encore sous le boisseau, l'éléphant ait été honoré comme Dieu. Les proportions colossales de son corps, l'air grave de sa physionomie, et les signes qu'il donne d'une sensibilité peu commune, ont dû inspirer pour lui une sorte de vénération dont il est digne, autant qu'il est digne d'un être intelligent de s'incliner devant un être instinctif.

GEORGES. — L'éléphant est-il de beaucoup au-dessus des autres animaux?

LE PRÉCEPTEUR. — Oui, mais quelle que

soit sa supériorité, il est encore loin de l'intelligence de l'homme.

Louise. — A quel usage lui sert sa trompe?

Le Précepteur. — Elle est pour lui ce que la main est pour nous; prendre, soulever, porter, lancer, tout cela lui est facile.

Georges. — A-t-il des instincts cruels?

Le Précepteur. — C'est un animal doux, susceptible d'attachement, de zèle et de fidélité. Il se nourrit de fruits, de racines, de bois tendre et de fourrage; en état de domesticité, on lui donne du riz cru ou cuit, délayé avec de l'eau.

Georges. — Ses mœurs sont-elles sociables?

Le Précepteur. — On le voit toujours marcher de compagnie sous la conduite du plus âgé; les jeunes sont au milieu de la caravane, le second d'âge marche le dernier.

Georges. — Livre-t-il des combats à l'homme?

Le Précepteur. — Du naturel le plus doux, il ne fait jamais usage de ses forces que pour protéger les plus faibles d'entre ses semblables. Dans l'Inde, on le voit suivre le bord des fleuves, et rechercher de préférence les lieux humides, les profondes vallées, les ombrages épais. Une preuve de ce que peut l'intelligence humaine sur les autres êtres organisés, c'est la soumission que l'éléphant a pour son maître ; il s'attache à celui qui le soigne, lui obéit, le caresse et semble deviner ce qui peut lui plaire. Le son de sa voix, les différentes inflexions qu'il y donne, rien n'échappe à l'intelligent animal, qui obéit, pour ainsi dire, au doigt et à l'œil avec une imposante gravité. L'éléphant salue avec sa trompe, aide lui-même à se charger, et s'agenouille pour qu'on le monte sans peine.

Georges. — Peut-on l'atteler comme un cheval ?

Le Précepteur. — Il traîne des chariots, des charrues, et ne se laisse décourager que par les mauvais traitements. Habitué au guide qui, sous le nom de cornac, le monte, le soigne, le conduit, il s'abandonne à lui avec la plus entière confiance, et l'aime au point de refuser d'obéir à un autre maître.

Georges. — L'éléphant est-il fort?

Le Précepteur. — Il porte de trois à quatre milliers. Son pas soutenu équivaut à un trot régulier. Il fait de quinze à vingt lieues par jour si on le presse; les Indiens lui font porter toutes leurs marchandises et les placent sur le dos, sur le cou, sur les défenses mêmes de cet intelligent animal, dont la force équivaut à celle de cinq à six chevaux.

Georges. — N'est-il pas sensible aux effets de la musique?

Le Précepteur. — Elle produit sur lui la plus vive impression et lui fait répandre des larmes. L'ivoire employé dans le commerce est tiré des défenses de l'éléphant.

Les pachydermes propres n'ont pas de défenses comme les proboscidiens; ils sont d'un naturel plus farouche et ne se trouvent que dans les contrées méridionales : le sanglier seul est acclimaté dans le nord.

La première tribu de pachydermes imparongulés, c'est-à-dire à doigts ou sabots en nombre impair, s'éloigne des ruminants plus que les espèces qui ont ces organes pairs.

GEORGES. — Quels sont les pachydermes les plus connus?

LE PRÉCEPTEUR. — Le rhinocéros, le daman, le tapir. Parmi les pachydermes fossiles, on remarque les paléothères et les lophiodons.

LOUISE. — Le rhinocéros a-t-il la force de l'éléphant?

LE PRÉCEPTEUR. — C'est après lui le plus puissant quadrupède; sa peau résiste aux balles, aux coups de sabre, aux coups de griffe et de dent; le fer et le feu ne peuvent rien sur l'épaisseur de son cuir. En outre, le rhinocéros a sur le nez une corne qui lui sert de défense.

GEORGES. — Sous quel aspect envisage-t-on ce quadrupède?

LE PRÉCEPTEUR. — Il n'est guère permis de le considérer autrement que comme le type exagéré du cochon, dont il a les instincts grossiers.

LOUISE. — Comment se nourrit-il?

LE PRÉCEPTEUR. — De grains, de chardons et d'autres arbrisseaux épineux qu'il préfère au meilleur fourrage.

GEORGES. — Ne recherche-t-il que les substances végétales?

Le Précepteur. — Il n'éprouve pas le moindre instinct carnassier, et, à cause de cela, est en paix avec la plupart des animaux sauvages.

Louise. — Le rhinocéros aime-t-il la société de ceux de son espèce ?

Le Précepteur. — Ordinairement il vit avec un ou deux d'entre eux, et si un troupeau se forme, on les voit marcher tous la tête basse comme les cochons.

Georges. — Peut-on dompter ce quadrupède ?

Le Précepteur. — Ses habitudes de solitude le rendent moins traitable que l'éléphant ; cependant il ne provoque jamais et ne devient terrible que lorsqu'on l'attaque.

Georges. — Comment s'empare-t-on de lui ?

Le Précepteur. — La dureté de sa peau le rend invulnérable ; on attend qu'il soit endormi pour le frapper sans danger.

Georges. — Toutes les parties de son corps sont-elles également résistantes ?

Le Précepteur. — La Providence a permis que le tour de ses oreilles, ses yeux et son ventre, pussent être atteints par un instrument tranchant ; le reste de son corps est comme une énorme cuirasse de fer que ne peuvent entamer ni les lances, ni les meilleures lames de damas.

LOUISE. — Pourquoi ne fait-on pas usage de balles contre lui?

LE PRÉCEPTEUR. — Parce qu'elles s'aplatissent sur son cuir épais. Les damans sont aussi des pachydermes dignes de notre attention, par leurs allures sautillantes et par les rapports qu'ils auraient avec les rongeurs sans la différence du système dentaire.

GEORGES. — Quelles contrées habitent ces derniers?

LE PRÉCEPTEUR. — Le midi de l'ancien continent.

LOUISE. — Sont-ils carnassiers?

LE PRÉCEPTEUR. — Ils se nourrissent de racines, de fruits et d'autres substances végétales. Leur naturel est doux, ils s'attachent facilement.

GEORGES. — Qu'est-ce que l'hippopotame?

LE PRÉCEPTEUR. — Un pachyderme parongulé comme le cochon ; son nom, qui signifie cheval de rivière, n'est point justifié par la forme de l'animal ; il n'a de commun avec le cheval que le hennissement. Ses jambes massives n'ont qu'un pied de haut sur quatre de circonférence ; elles se terminent par quatre doigts presqu'égaux, garnis de petits sabots ; sa tête ressemble à celle du taureau , ses dents font feu au briquet.

Louise. — Vit-il dans l'eau?

Le Précepteur. — Il nage très-bien et court très-mal ; aussi le rencontre-t-on par troupes nombreuses dans les grands fleuves du Sénégal et de l'Afrique centrale.

Georges. — Qu'est-ce que le tapir ?

Le Précepteur. — Un quadrupède sauvage, qui, dans les Indes, a la taille d'un âne au pelage brun rayé de noir ; ses habitudes sont celles du sanglier : il se nourrit de végétaux, et dort le jour pour courir la nuit sans danger. On trouve dans les terrains fossiles un tapir de la taille de l'éléphant. Les paléothères avaient beaucoup de rapports avec le tapir pour la taille et la forme.

En rappelant les caractères de l'éléphant, aux formes si colossales, du rhinocéros à la peau invulnérable, de l'hippopotame à la mâchoire si vigoureuse, on voit que le Créateur a donné à chacun, dans la plus sage mesure, l'organisation qu'il devait avoir pour ne pas troubler l'économie de l'ensemble. L'éléphant et le rhinocéros, ces deux vigoureux animaux, eussent dépeuplé le monde avec des instincts carnassiers et des natures cruelles. Mais jamais ils n'attaquent l'homme, et l'éléphant lui devient un ami, un serviteur fidèle. Quelles colonnes eussent osé attaquer un troupeau de rhinocéros, dont chaque coup de dent donne la mort? Quel courage se fût dévoué à dompter un éléphant carnassier, et quel profit eût-on tiré des services d'un quadrupède qu'il eût fallu abreuver de sang ou repaître de chair palpitante? Au lieu de cela, l'être que sa force rendrait redoutable, devient par sa nature le plus docile des animaux. Qui donc, en présence de tels témoignages, oserait attribuer à l'homme ce qui ne revient qu'à Dieu, et déplacer les merveilles de la nature pour affaiblir la gloire de leur auteur? Des siècles ont passé sur les siècles, la terre s'est incessamment peuplée et dépeuplée, les lois humaines ont succédé aux lois humaines,

Dieu seul a été toujours Dieu ! Où irions-nous pour admirer une œuvre plus grande que celle de la création ? Quel spectacle vaut le spectacle de la nature, et comment nos ames, en sondant les voies de l'Eternel, ne seraient-elles pas reconnaissantes ? Les animaux naissent et vivent sans avoir conscience de leur fin : nous qui connaissons notre origine, ne soyons pas sur la terre seulement pour manger et pour vivre, mais vivons pour mettre le temps à profit, puisqu'il sera le prix de l'éternité. Les jours d'un animal sont tous égaux, il ne pense ni ne prie. Nous qui savons que chaque âge a ses obligations, employons utilement chaque heure de notre vie, puisque nous devons attendre de nouveaux cieux et une nouvelle terre où la justice habitera.

QUARANTE-TROISIÈME ENTRETIEN.

Sanglier. — Cochon. — Solipèdes. — Le cheval. — L'âne. — Le zèbre.

Le Précepteur. — Quel est cet animal dont l'œil est si bizarrement disposé, dont les défenses sont si fort en saillie, dont le poil est rude et qui a toutes les allures du cochon domestique? C'est le sanglier, que nos chasseurs poursuivent dans les forêts, et qui se nourrit frugalement de glands ou de racines. Sa femelle met bas tous les ans et l'accompagne avec le reste de la famille; les marcassins, ou petits sangliers, glanent sans perdre de vue leur conductrice, s'en rapprochent au moindre danger, et ne courent à l'aventure que lorsqu'ils peuvent bourrer le loup à coups de boutoir. Si la troupe est en marche, et que l'ennemi l'attaque, elle se range en cercle, place ses petits au milieu et présente aux assaillants une ligne de hures aux dents menaçantes.

Le sanglier ne sort que le soir ou le matin pour chercher sa nourriture : on le chasse ouvertement pour le mal qu'il fait et pour le profit qu'il procure; sa chair est excellente, son poil sert à faire des brosses. Le cochon ne diffère de lui que par la domesticité; c'est un animal dont les goûts son immondes.

Georges. — Ne voit-on pas sans cesse le

cochon creuser la terre avec son groin ou boutoir ?

Le Précepteur. — Sa gloutonnerie le pousse à cela dans l'espoir de trouver quelque chose à manger ; on profite de cette disposition pour lui faire chercher les truffes noires dont il est très-friand. L'aspect du cochon est repoussant, son grognement fatigue, sa malpropreté dégoûte, mais sa chair est excellente ; à la campagne elle devient une ressource pour les familles nombreuses, et l'utilité de l'animal mort fait supporter l'incommodité de l'animal vivant : tout se compense.

Un ordre qui va nous offrir de l'intérêt, est celui des solipèdes, dont le cheval est le type.

Louise. — Pourquoi solipèdes ?

Le Précepteur. — Parce que leur pied, terminé par un seul doigt, est renfermé dans un sabot unique.

Georges. — Ces animaux sont-ils beaux à l'état sauvage ?

Le Précepteur. — Ils semblent plus fiers parce qu'ils jouissent de toute leur liberté, et consacrent à l'indépendance cette vigueur qu'on utilise si bien en leur faisant subir le joug de la servitude.

Georges. — Est-ce que les chevaux vivent en société?

Le Précepteur. — C'est leur état habituel : dans la Tartarie et en Amérique on les trouve réunis par troupes de plusieurs milliers, divisées en diverses bandes dont chacune a son chef.

Georges. — Par quel moyen se défendent ils contre leurs ennemis?

Le Précepteur. — Dès qu'ils en aperçoivent un, ils poussent de vifs hennissements pour tenter de l'effrayer. Si ce moyen ne réussit pas, ils cherchent à connaître la force de leur adversaire, et fondent sur lui ou s'enfuient avec rapidité, s'ils ne peuvent espérer le vaincre.

Louise. — Combien le genre cheval comprend-il d'espèces?

Le Précepteur. — Six, dont les principales fournissent : le cheval domestique, originaire de l'Asie, le zèbre, originaire de l'Afrique, l'âne et le dzigguetai.

Georges. — Pourquoi dit-on qu'un cheval marque ou ne marque plus?

Le Précepteur. — On connaît l'âge de

cet animal à l'état de ses dents incisives : si elles sont pleines, il a passé sept ans. On appelle cela hors d'âge, parce qu'il faut s'en rapporter alors à la bonne foi du vendeur, et trop souvent le mensonge devient facile quand l'intérêt agit.

Louise. — Quelle est la durée de la vie du cheval?

Le Précepteur. — Trente ans environ.

Georges. — Quelles sont les variétés les plus appréciées de l'espèce chevaline?

Le Précepteur. — Les races arabe, andalouse, anglaise, normande, hongroise, etc.

Georges. — Qu'appelle-t-on chevaux pur sang?

Le Précepteur. — Ceux nés de deux sujets de la même race.

Georges. — Quels services le cheval rend-il à l'homme?

Le Précepteur. — En temps de guerre il brave les dangers, supporte les privations les plus dures, le conduit à la victoire, et quand la marche triomphale a passé, quand le vainqueur a reçu sa couronne, le cheval retourne à l'écurie, comme s'il comprenait qu'il n'a été qu'un instrument utile entre d'habiles mains. Au maître les honneurs, à lui la fatigue ; et si la mort vient, à l'un le Panthéon, à l'autre la voirie. Qu'il est docile, ce noble animal qu'un simple mouvement de la main dirige; que de soumission dans sa nature, que de courage dans son dévouement!

Comme l'éléphant, il obéit et s'attache à son maître, écoute avec plaisir le son de sa voix, s'empresse de lui plaire, et trépigne d'impatience comme s'il devançait l'ordre qui lui est donné. A la selle, au char, à la charrue, son obéissance est la même; le claquement du fouet suffit pour le pousser au travail.

Georges. — Les chevaux ne sont-ils pas entre eux susceptibles d'émulation?

Le Précepteur.—Ils s'excitent à la course, cherchent à se devancer, et rivalisent d'adresse autant que de légèreté. Voilà ce qu'ils font pendant leur vie, voyons ce qu'on fait d'eux après leur mort. Leur peau tannée fournit le meilleur cuir de harnais; leur crin sert à la fabrication de divers tissus, ou de brosses; leur chair desséchée sert d'engrais ; leurs os fournissent le charbon animal ; enfin, tant qu'il en reste quelque chose, le cheval est une occasion de lucre pour l'homme.

LOUISE. — L'âne diffère-t-il beaucoup de lui?

LE PRÉCEPTEUR. — Par les bons services qu'il rend, il mérite les mêmes soins; mais destiné aux plus rudes travaux, mal soigné, mal nourri, il devient ordinairement faible et chétif.

GEORGES. — N'est-il pas entêté et méchant?

LE PRÉCEPTEUR. — Accablé de mauvais traitements, il résiste parfois à la main qui le frappe; mais combien n'a-t-il pas montré de douceur et de patience! Toujours brusqué, toujours battu, il perd sous la souffrance la force dont il était doué, et meurt victime d'une brutalité bien coupable.

L'âne brait, et ce cri, poussé du grave à l'aigu, a quelque chose de discordant qui blesse l'oreille. Avec la peau de cet animal, on recouvre les caisses de tambour. Comme le cheval, il sert aussi après sa vie; ajoutons qu'il est sobre et par conséquent très-facile à nourrir. L'onagre est l'âne sauvage. Le zèbre, habitant du cap de

Bonne-Espérance, tient le milieu entre l'âne et le cheval; mais son caractère indomptable n'a pas encore permis qu'on utilisât sa force.

GEORGES. — Peut-être s'y est-on mal pris pour réussir?

LE PRÉCEPTEUR. — Nous devons le supposer; les allures du zèbre paraissent se prêter au mouvement du cavalier en selle: il est à croire qu'on lui fera un jour accepter le joug. Pour soumettre un ennemi il faut le connaître, s'en prendre à ses instincts, flatter ses goûts, étendre ou exciter ses passions. Cette étude, on ne l'a point faite quant au zèbre, parce que, sans efforts, on a sous la main le cheval et l'âne; qu'une nécessité se fasse sentir, et, mieux étudié, le zèbre cédera à la loi commune, nulle exception ne devant être faite, parce qu'il a été dit de l'homme: « Qu'il commanderait aux bêtes, à toute la terre. »

Les animaux domestiques ne sont point en nombre restreint; l'intelligence humaine, malgré ses brillantes conquêtes dans le champ de la nature, peut encore civiliser. Mais en attendant qu'elle agisse sur le zèbre, comment énumérer les constants services que depuis des siècles le cheval et l'âne rendent à l'homme? Relations de correspondance, moyens de transports, facilité des échanges, tout est possible par eux, et l'industrie leur doit ses plus grandes richesses. Certes, ces résultats se rattachent à une cause relevant immédiatement d'une intelligence suprême, entre les mains de laquelle sont tous les fils de notre industrie. Les biens de la terre aboutissent à l'homme, et si le Créateur ne l'avait pas aimé d'un amour divin, la mort d'un Dieu eût-elle été le prix de sa désobéissance? L'Éternel nous a aimés jusqu'à nous donner son fils. Pour ce prix, souffrons, s'il le faut, la crucifixion morale qui vient du monde. Acceptons notre couronne d'épines, buvons à la coupe des humiliations, et jusqu'au tombeau, calvaire où nous déposerons notre croix, ne demandons de témoignage qu'à notre conscience. Le juste met sa confiance en Dieu.

QUARANTE-QUATRIEME ENTRETIEN.

Animaux ruminants.

Le Précepteur. — L'ordre des ruminants est le mieux caractérisé de la mammalogie; les animaux qu'il comprend ne forment qu'une seule famille, ayant une organisation générale.

Georges. — Quel est leur caractère distinctif?

Le Précepteur. — L'absence de dents incisives à la mâchoire supérieure.

Georges. — Par quoi sont-elles remplacées?

Le Précepteur. — Par un dur bourrelet.

Georges. — Les ruminants ont-ils des incisives inférieures?

Le Précepteur. —Leur bouche est pourvue de huit; leurs dents molaires sont remarquables par une large couronne. Les pieds de ces animaux sont bifurqués, c'est-à-dire formés de deux doigts enveloppés de sabots et disposés en forme de fourche.

LOUISE. — De quoi vivent les ruminants ?

LE PRÉCEPTEUR.—D'herbe et de fourrage; leur estomac est quadrilobé ou divisé en quatre compartiments, sortes de poches destinées à différents usages.

GEORGES.—Ces poches ont-elles chacune des noms particuliers ?

LE PRÉCEPTEUR. — La première, appelée panse ou herbier, reçoit les herbes avalées; c'est un réservoir d'où l'animal tire ensuite sa nourriture pour un second travail de mastication.

LOUISE. — Qu'arrive-t-il quand la panse est pleine ?

LE PRÉCEPTEUR. — L'animal se couche pour ruminer.

GEORGES. — Quel nom a le second estomac ?

LE PRÉCEPTEUR. — On le désigne sous celui de bonnet; il reçoit les aliments qui sortent de sa panse et les roule en pelottes, au moyen d'un liquide sécrété par ses parois. Ainsi formées, ces petites pelottes remontent dans la bouche pour y être soumises à une seconde préparation, puis redescendent par l'œsophage dans la troisième partie de l'estomac, appelée le feuillet.

GEORGES. — Pourquoi feuillet?

LE PRÉCEPTEUR. — Parce que ses parois présentent une série de lames longitudinales semblables aux feuilles d'un livre. Du feuillet les aliments passent dans la caillette, dernier réservoir, qui fait les fonctions d'estomac, et qui produit une liqueur analogue au suc gastrique.

GEORGES. — Quel est le naturel des ruminants?

LE PRÉCEPTEUR. — Ils sont timides, défiants, et vivent à l'état sauvage dans de vastes déserts. On les rencontre par troupes nombreuses ayant des sentinelles attentives, qui veillent, tandis que la caravane broute ou se repose. Les animaux de cet ordre ont dans l'homme un dangereux ennemi; il leur fait la guerre pour les réduire en domesticité et pour se nourrir de leur chair. On divise les ruminants en deux classes : à cornes et sans cornes.

LOUISE. — Quel est le ruminant sans cornes qu'on apprécie le plus pour les services qu'il rend?

LE PRÉCEPTEUR. — C'est le chameau.

GEORGES. — Où le trouve-t-on?

LE PRÉCEPTEUR. — Le dromadaire à deux bosses, ou chameau proprement dit, ne se rencontre que dans quelques parties du Levant; le dromadaire à une bosse est commun en Turquie, en Perse, en Égypte, en Arabie, en Barbarie, et y sert de bête de somme. Les caravanes qui entreprennent de longs voyages, ne le pourraient faire sans le secours des dromadaires, dont l'organisation se prête facilement aux exigences du sol.

En effet, ces animaux ont les pieds faits pour marcher dans le sable, et peuvent traverser les vastes déserts de la Barbarie sans être trop pressés ni par la faim ni par la soif. Leur lait est le mets favori des Orientaux; leur chair fournit une abondante nourriture, et leurs poils soyeux servent à la fabrication des plus belles étoffes.

GEORGES. — Quelle distance un dromadaire peut-il parcourir dans un jour?

LE PRÉCEPTEUR. — Jusqu'à cinquante lieues quand on le force.

LOUISE. — Les voyages à travers le désert sont-ils longs?

LE PRÉCEPTEUR. — Ils durent plus ou

moins, selon la rapidité de la marche ; mais il arrive que les chameaux vont ainsi chargés pendant des semaines entières, sans pouvoir étancher leur soif.

Georges. — Huit jours sans boire !

Le Précepteur. — Le moyen qu'il en soit autrement, dans des déserts sablonneux où le soleil darde à plomb.

Louise. — Quels avantages résultent pour l'humanité de ces immenses plaines sans végétation ?

Le Précepteur. — D'une part, elles mettent les peuples qui les habitent à l'abri de leurs ennemis, de l'autre, nous devons les considérer comme exerçant sur les glaces des pôles une action puissante par la réflexion des sables, dont l'aspect métalloïde contribue à fixer les rayons solaires. A quelles fins existeraient ces lacunes de la végétation, si de leur aridité même ne résultait un bien ? La plaine est desséchée, les montagnes sont pelées, les vents circulent avec violence, mais ils emportent du désert vers les pôles les particules qui doivent hâter l'action du soleil sur les glaces, et l'équilibre terrestre est maintenu par des points destinés à réagir sur l'ensemble du globe.

Tout est donc pour le mieux, et l'éléphant, qui n'aurait pu supporter les fatigues du désert, disparaît au point où le chameau se montre. Utiles quadrupèdes! La Providence les a si bien prédestinés au sol sur lequel ils vivent, qu'on peut, sans les faire souffrir, leur apprendre à supporter les privations de la soif et de la fatigue.

Georges. — Et par quels moyens endurcit-on les chameaux?

Le Précepteur. — A peine nés, on leur apprend à fléchir le genou pour rendre leur chargement plus facile. Insensiblement on les charge de plus en plus, et on les exerce à la course en leur faisant suivre les chevaux.

En route, on leur accorde à peine quelques instants de repos, et, ressource des habitants du Levant, le transport des marchandises ne se fait que par eux.

Louise. — Quel poids un dromadaire peut-il recevoir?

Le Précepteur. — Les plus forts portent de mille à douze cents livres, mais leur charge ordinaire est de sept à huit cents; et s'il arrive qu'on veuille abuser d'eux, ils refusent de marcher et attendent, pour se relever, qu'on ait allégé leur fardeau.

Georges. — Les caravanes sont-elles nombreuses?

Le Précepteur. — Il le faut pour éviter les attaques des Arabes qui fréquentent les déserts, afin de harceler les voyageurs qu'ils dévalisent; chaque homme guide ordinairement plusieurs bêtes; le soir on décharge les chameaux, et si le pays a des prairies, on les laisse paître librement. La marche des caravanes n'est forcée que dans des cas extrêmes : elles ne font le plus souvent que dix ou douze lieues par jour.

Louise. — Par quelle faculté spéciale les chameaux peuvent-ils se passer de boire sous un ciel brûlant, où la soif doit les presser plus que partout ailleurs?

Le Précepteur. — Il n'existe pas sur la terre un animal dont la nature ne soit en rapport avec le climat qu'il habite et les besoins qu'il peut endurer. Indépendamment de son estomac quadrilobé, le dromadaire possède une cinquième poche destinée à recevoir une certaine quantité d'eau, qui y séjourne sans se corrompre et sans que les sucs de la digestion s'y mêlent.

Tout est prévu pour que ce quadrupède puisse entreprendre de longs voyages, et l'on a exagéré de beaucoup les privations qu'il endure, puisque, par une simple contraction des muscles, il fait remonter dans l'œsophage une partie de l'eau qu'il a mise en réserve. On vante les riches produits de l'Orient, ses tissus précieux, ses parfums exquis; mais que serait tout cela, que serait l'Asie elle-même, sans les services que le chameau rend au commerce et aux diverses branches de l'industrie?

Georges. — Le dromadaire est-il plus utile que l'éléphant?

Le Précepteur. — Soumis comme le bœuf à l'état de domesticité, c'est sous les yeux de son maître qu'il se multiplie, tandis que l'éléphant, pris isolément, est toujours aussi rare, aussi difficile à soumettre. Le dromadaire porte la charge de deux mulets, fait plus de chemin que le cheval, ne mange pas plus que l'âne, et rend à lui seul autant de services que ces trois animaux réunis. Dans le pays qu'il habite, on en tire parti en toutes choses, et dans le désert, où il est aussi impossible de se procurer du bois que de se procurer de l'eau, sa fiente desséchée sert à faire des mottes qui donnent un feu vif et pétillant. Le maître, en partant, charge un chameau de ses provisions de bouche; quant il fait halte, l'animal l'abrite contre le soleil, et s'il est fatigué, il lui fournit une douce monture.

Le dromadaire est peu gracieux, son long cou, son énorme bosse et sa petite tête, lui donnent une désinvolture bizarre qui le fait participer de plusieurs êtres, sans qu'il ressemble pour cela à aucun. La femelle de cet animal donne du lait plus longtemps que la vache, le poil des jeunes sujets est fort recherché; enfin, l'urine de ces ruminants fournit de l'ammoniac, et sous aucun ciel, chez aucun peuple, la Providence ne s'est montrée plus ingénieusement prodigue de dons capables de tourner au profit de l'homme. Qu'on étudie la nature sous tous ses aspects, qu'on examine les règnes dans leur ensemble, ou les sujets isolément, le même but se découvre : tout se rapporte incessamment à l'humanité.

Les animaux, appropriés aux climats, subissent tous également le joug que l'homme leur impose, et lui sont des moyens d'exploiter la nature ; les uns fument et labourent, les autres donnent la nourriture et le vêtement; ceux-ci transportent les marchandises, ceux-là sont de légers coursiers, par qui s'établissent les relations de cité à cité et de nation à nation. Les animaux quittent peu le sol qui les vit naître; l'homme seul parcourt l'univers, et, là où s'arrête la terre ferme, il se fait de la mer une nouvelle puissance. Dans ses habitudes privées, dans ses rapports sociaux, par le geste, par la parole, par la pensée, il est supérieur aux plus intelligentes créatures, et la bonté de Dieu se manifeste à son égard avec une constance dont il devrait, dans les actes de sa vie, se montrer reconnaissant. L'Eternel lui a soumis le monde, qu'il le glorifie! L'Eternel l'a comblé de faveurs, qu'il lui rende grâce! L'Eternel l'appelle à sa droite, qu'il en soit digne au jour où viendra le jugement!

QUARANTE-CINQUIÈME ENTRETIEN.

Ruminants.

Le Précepteur. — La taille des ruminants varie depuis celle du chameau jusqu'à celle du chevrotin, le plus bondissant des quadrupèdes. Par le riche parfum qu'il fournit, le musc est la principale espèce de ce genre; on le trouve dans les montagnes du Thibet, de la Chine et de Tunquin.

Georges. — Qu'est-ce que le musc?

Le Précepteur. — Une substance grasse qui se forme dans une petite poche placée sous le ventre de l'animal.

Louise. — Tue-t-on le chevrotin pour obtenir ce parfum?

Le Précepteur. — Oui, quand il ne s'est pas suffisamment frotté contre les pierres pour s'en débarrasser. Le musc qui se vend dans le commerce, nous vient par la Chine, où d'abord on le falsifie avec du plomb pulvérisé. Il n'y a que l'animal mâle qui soit muni de la poche contenant la substance odorante.

Georges. — Quels sont les principaux animaux à cornes?

Le Précepteur. — Le bœuf et le cerf. La classe des animaux cornés rend de grands services à l'homme.

Louise. — Le bois du cerf ne se renouvelle-t-il pas tous les ans ?

Le Précepteur. — Au printemps, l'animal éprouve un malaise assez long; ses cornes tombent alors pour ne repousser que dans l'été, et ce n'est que vers l'automne que le bois est renouvelé entièrement. La biche, femelle du cerf, ne porte qu'un seul petit, auquel on donne le nom de faon.

Louise.—Ces animaux ont-ils des mœurs douces?

Le Précepteur. — Ils ne font jamais de mal qu'aux jeunes bourgeons, ou aux plantes dont ils se nourrissent; tantôt isolés, tantôt réunis, leur pelage fauve et leurs cornes branchues les font facilement reconnaître. On compte dans ce genre plus de trente espèces, se rapportant à trois ordres seulement, savoir : le cerf à bois plat, le cerf proprement dit, et le chevreuil.

Georges. — Le cerf à bois plat comprend-il plusieurs espèces?

Le Précepteur. — Il faut rapporter à cette section le daim, l'élan et le renne, que les Lapons ont réduit à l'état de domesticité. Dans ces pays que la mer Glaciale borne au Nord, et que recouvrent de vastes forêts de sapins, la nature est pauvre en récoltes, et la neige quitte rarement le sol; des bois, quelques plantes épineuses, voilà ce qu'on trouve sous ce ciel que le soleil ne quitte pas pendant deux mois d'été, et sur lequel la nuit étend son voile durant deux mois, aux jours rigoureux de l'hiver. Cependant la main de la Providence n'a pas oublié cette terre aride, où le cheval, le bœuf et le chameau auraient manqué de verdure. A travers les monts escarpés, sur un sol qui n'a pendant soixante jours pour lumière que des aurores boréales, le renne devient pour le Lapon une bête de somme tenant la place du chameau en d'autres pays; son lait et sa chair le nourrissent, quand il trouve à peine dans les terres situées au Midi un peu d'orge et de seigle.

Georges. — Le renne est il assez fort pour servir de monture?

Le Précepteur. — Sa taille est en raison de celle des cavaliers. Le suprême Ordonnateur a tout disposé pour le mieux dans la nature! On attèle aussi le renne aux traîneaux; son poil fait une bonne fourrure, enfin sa peau fournit un cuir solide.

Georges. — Pendant les mauvais jours comment se nourrissent ces animaux?

Le Précepteur. — Ils mangent un lichen qu'ils découvrent sous la neige, l'été ils vivent de racines et de bourgeons. La chaleur les fait émigrer sur les montagnes; le froid les fait redescendre dans la plaine. Comme le cerf, ils perdent leur bois tous les ans, et la femelle de cette espèce ne diffère point en cela du mâle.

Louise. — Dresse-t-on de bonne heure les rennes aux travaux domestiques?

Le Précepteur. — Lorsqu'ils ont l'âge de quatre ans, c'est-à-dire lorsque les petits quittent leur mère.

Louise. — Ces ruminants deviennent-ils vieux?

Le Précepteur. — Ils atteignent de

quinze à vingt ans d'âge, mais il leur est si naturel de rentrer de l'état de domesticité à l'état sauvage, qu'il faut à leur égard des soins multipliés de surveillance. Les nerfs du renne servent aux naturels du pays à faire des cordes. Ces animaux sont leur seule richesse; le Lapon qui en possède trois cents vit dans l'abondance, celui qui en a de mille à quinze cents, est réputé riche.

Une tribu non moins intéressante de quadrupèdes, est celle des ruminants à cornes persistantes, recouvertes; elle ne présente que le genre girafe.

GEORGES. — Quelle longueur ont les cornes de la girafe?

LE PRÉCEPTEUR. — Recouvertes d'une peau velue existant chez les sujets mâles et femelles, ces cornes ont environ six pouces de longueur. La girafe en porte encore au milieu du front une plus petite et plus large que les deux autres. Par son pelage, ce quadrupède est l'un des plus beaux de l'Afrique; semblable à l'agneau par la douceur, à l'oiseau par la rapidité de sa course, il est destiné à se nourrir de feuilles et de bourgeons. Son corps dirigé comme une échelle, peut atteindre sans peine à la hauteur des arbres. On le trouve réuni par groupes de six et même de dix individus. Animal de luxe, il ne faut point s'étonner de ne le pas rencontrer par troupes nombreuses : les hommes et les animaux oisifs sont en minorité sur la terre.

Louise. — N'y a-t-il pas d'autres ruminants à cornes ?

Le Précepteur. — L'antilope se rapproche beaucoup du cerf pour la forme et les allures, mais ses cornes sont creuses, persistantes et revêtues d'une substance élastique. Cet animal est doué d'une adresse égale à sa légèreté. On lui donne souvent le nom de gazelle.

Vous connaissez et nous connaissons tous ce petit animal si commun en France désigné sous le nom de chèvre. Vous l'avez vu bondir dans les prairies, gravir les montagnes et se suspendre aux roches escarpées pour brouter, çà et là, les feuilles d'arbrisseaux sauvages ou le thym et le serpolet. Le chamois, que l'on ne rencontre que sur les hautes montagnes des Alpes ou des Pyrénées, semble être le premier anneau de la chaîne à laquelle la chèvre se rattache.

GEORGES. — Cet animal donne-t-il à l'homme autre chose que sa chair et son lait?

LE PRÉCEPTEUR.—Le poil de chèvre fournit un tissu précieux; sa peau sert à notre chaussure, et celle des chevreaux fournit nos meilleurs gants. Non-seulement la chair de ces animaux est estimée, mais elle donne un suif abondant. A leur tour, le mouton, le bélier et la brebis sont des quadrupèdes nés sans défense et faits pour passer de la prairie sous le couteau du boucher. La nature paisible de ces animaux est telle, qu'on dit d'un homme doué d'un bon caractère: c'est un vrai mouton, ou encore: *il est doux comme un agneau*. Les moutons sont craintifs et se serrent, au moindre bruit, les uns contre les autres, ou s'enfuient sans se donner un but. Ils font une grande partie de la richesse de nos pays; leur chair nous nourrit, leur graisse convertie en suif sert à la fabrication des chandelles; leur laine nous vêtit, leur lait nous donne du fromage, leur peau s'utilise dans le commerce, leurs os fournissent une abondante gélatine; on tourne leurs boyaux en cordes d'instrument; enfin, les moutons ne naissent que pour servir aux besoins de l'homme.

Plus intelligent, moins heureux pourtant, le bœuf passe par une vie de labeur pour aboutir à une fin semblable. Mis sous le joug, attaché à la charrue, que de fois, à son égard, le repos du dimanche n'a pas été observé, quoiqu'il ait été dit : « Que le bœuf et l'âne ne feraient aucune œuvre en ce jour là ! »

Dès la troisième année de sa vie, ce pacifique animal est accouplé à un autre pour le service du labourage. A-t-il atteint sept ans, on l'engraisse, on le livre au commerce. Les abattoirs les reçoivent en gros, les bouchers les vendent en détail. Viande, intestins, pieds, cornes, peau, suif, tout ce qui nous vient du bœuf nous est profitable, et le lait que nous donne la vache peut compter en première ligne parmi les produits d'utilité générale.

Le beurre employé à nos apprêts, le fromage dont se nourrit la classe ouvrière, voilà ce que nous devons au lait, quand il n'est pas pris en nature ou transformé de mille façons dans nos cuisines.

Le bison d'Amérique et le buffle indien,

sont, pour les pays où ils vivent, ce que le bœuf est pour nous. Le buffle s'est acclimaté en Italie; on pourrait l'habituer en France, et quelques fermiers l'ont essayé déjà.

Cet animal n'obéit point, comme nos bœufs, au simple mouvement d'une perche, mais il se laisse conduire au moyen d'un anneau qu'on lui passe dans le nez. Le cheval se prête difficilement à suivre le sillon d'une charrue; il s'irrite de cette continuelle résistance du terrain, et arrive par le dégoût à la fatigue.

Le bœuf, au contraire, par la lenteur de ses mouvements, par le poids de son corps, par sa tête inclinée, semble tout-à-fait propre au labour.

Le cheval aime une vaste plaine, un harnais complet, une écurie aérée; le bœuf passe sa vie dans les champs, se contente d'un joug fait sans art, d'une écurie malpropre, et d'une nourriture peu choisie. Il couche sur le fumier, le cheval sur de la paille fraîche; à l'un il faut la rusticité des champs, à l'autre la civilisation des villes; celui-ci vit et meurt dans le même lieu, celui-là peut parcourir le monde ; et, tandis que le bœuf obéit au simple laboureur, le cheval a souvent pour guide l'homme de génie. Pour eux, deux buts, deux moyens, et toujours la même main exerçant ses bienfaits ! Ah ! que bénie soit-elle ! que glorifié soit le Très-Haut, notre père : « Il a fait naître *d'un seul* toute » la race des hommes, et il leur a donné » pour demeure toute l'étendue de la terre. » (*Actes*, ch. XVII. v. 26.) Que l'humanité entière lui soit tributaire ; pour prix de tant de dons il veut être aimé !

FIN DU SECOND VOLUME.

TABLE DES MATIÈRES

CONTENUES DANS LE SECOND VOLUME.

FIN DE LA TABLE.

www.ingramcontent.com/pod-product-compliance
Ingram Content Group UK Ltd.
Pitfield, Milton Keynes, MK11 3LW, UK
UKHW021151260726
13994UKWH00001B/388